JN001924

# JIS Q 15001
## ：2023
# プライバシーマーク

イラストとワークブックで
個人情報保護マネジメント
システムの要点を理解

深田　博史
寺田　和正　共著

日本規格協会

注記：本書の JIS Q 15001 の解説は，担当者向けに重要事項を抜粋した内容としています（全てを網羅しているわけではありません）．またこの規格への理解を促進するために，規格本文での表記を平易な言葉に一部変換し，例や著者独自の説明を補足しています．

# 本書の使い方・各章の概要

本書は JIS Q 15001（個人情報保護マネジメントシステム）規格の入門者向け書籍です．特に実務担当者に理解を深めていただきたい重要ポイントを抜粋し，見るみるモデル，要点解説，イラスト，ワークブックを特徴としています．個人学習や社内勉強会でご活用ください．

---

**第1章　個人情報，プライバシーマーク，JIS Q 15001 とは**
　個人情報とは何か，関連用語，プライバシーマーク制度等の基本事項

**第2章　見るみる P モデル**
　JIS Q 15001 の構成について PDCA サイクルを考慮して図式化した，"見るみる P モデル" を収録

**第3章　JIS Q 15001 要求事項の重要ポイントとワークブック**
　JIS Q 15001 の本体の重要ポイント

**第4章　JIS Q 15001 附属書 A の重要ポイントとワークブック**
　附属書 A の管理策の重要ポイント

**第5章　JIS Q 15001 附属書 D 安全管理措置の重要ポイント**
　附属書 D 安全管理措置の中で，実務担当者の多くの方々に関連する重要ポイント

**第6章　担当者の安全管理措置　事例とミニワークブック**
　実務担当者の多くの方々に関連する安全管理措置の留意事項（事例）をイラストとミニワークブックで確認

# 目　　次

# 第 4 章　JIS Q 15001 附属書 A の重要ポイントと ワークブック

# 第 5 章　JIS Q 15001 附属書 D 安全管理措置の重要ポイント

# 第 6 章　担当者の安全管理措置　事例とミニワークブック

# 第1章

# 個人情報，プライバシーマーク，JIS Q 15001とは

この章では，個人情報とは何か，関連する用語，プライバシーマーク制度，リスク・機会等の基本事項について理解を深めましょう．

人工知能AIAI-CHAN

Oh! 脳!?

## 1.1　個人情報とは

まず，個人情報の種類や事例を確認しましょう.

① 個人情報とは

★個人情報とは，<u>生存する特定の個人を識別できる情報</u>です.

★その情報だけで個人を特定できなくても，他の情報と容易に照合
することができ，それによって個人を特定できる情報を含みま
す.

★個人情報の例：

本人の氏名，生年月日，住所，電話番号，個人を特定できる電子
メールアドレス，SNS で公開された個人を特定できる情報（例：
顔写真），個人識別符号（☞ **参考：次ページ②** ）等

# 個人（誰の情報か）を
# 特定できるかどうかがポイントです

② 個人識別符号とは

個人情報の中で，その符号があれば個人を特定できる情報です．

★身体的特徴関連：

電子計算機で処理できる身体的特徴のデータで，顔，指紋・掌
紋，声紋，DNA，目の虹彩，手の静脈の分岐，歩行の際の姿勢・
両腕の動作のデータ等

★個人ごとに異なる符号：

個人ごとに割り当てられた情報で，個人番号（マイナンバー），
健康保険被保険者証の記号・番号，パスポート番号，運転免許証
番号等

③ 個人情報データベース等とは

★個人情報を含む情報の集まりで，特定の個人情報についてコンピ
ュータ等を用いて検索することができるもの

④ 個人データとは

★個人情報データベース等を構成する単体の個人情報

★例えば，年賀状を送付する住所録データベース（個人情報データ
ベース等）の中の，Aさんの氏名，住所データが個人データと
なります．

個人情報を検索できます

⑤　**保有個人データとは**

★ 開示等（開示，訂正，追加，削除，利用の停止，消去，第三者への提供の停止）の全てに応じることができる個人データが該当します．

★ 保有個人データは，利用目的に応じて管理しなければなりません．また，本人から確認，変更，削除の申し出があった場合には，それにきちんと対応する必要があります．

⑥　**個人情報取扱事業者とは**

★ 事業を行う上で，個人情報データベース等を用いている民間の法人や団体組織，個人のこと

⑦　**要配慮個人情報とは**

★ 取扱いに特に注意を要する個人情報で，人種，信条，社会的身分，病歴，犯罪の経歴，犯罪により害を被った事実等が含まれる個人情報

★ 本人の同意のない取得が禁止されています．

⑧　**匿名加工情報とは**

★ 特定の個人を識別できないように加工した個人情報．個人情報を一部削除または規則性のない方法で置き換え，また，個人識別符号を全て削除します．

★ 加工方法の合理性［個人が特定できないように合理的な加工をしていること，また AI（人工知能，Artificial Intelligence）等の技術を用いても元の情報に戻せないこと］を説明できるようにする必要があります．

⑨　**仮名加工情報とは**

★ 例えば，ユーザー ID，氏名，年齢，製品・サービスの利用情報があったとします．ここから「氏名」を削除またはダミー加工した後の情報（個人を特定できない情報）を，社内で用いる場合，

この情報を「仮名加工情報」と言います（社外への第三者提供は不可）.

★利用例としては，システム開発時のテストデータ，収集した個人データのビッグデータ分析等が挙げられます.

**[補足説明]**

★AI（人工知能）を用いれば，個人情報が特定できてしまう等の状況が発生することがないように，データ加工方法を選択・運用する必要があります.

☞ **参考：第1章　1.2　⑩個人情報のプロファイリング**

## 1.2　個人情報に関連する用語

次に，個人情報に関連する用語を確認しましょう.

① 個人情報保護法

★"個人情報の保護に関する法律"の略称

★適用においては，関連する法律，政令，規則，ガイドラインを考慮する必要があります.

② JIS Q 15001

★個人情報保護マネジメントシステムの要求事項を規定した国家規格．本書でいう JIS Q 15001 は，2023 年版を指します.

☞ **参考：第1章　1.5　JIS Q 15001 とは**

③ PMS

★個人情報保護マネジメントシステム（Personal information protection Management Systems）の略称．個人情報保護に取り組むためのしくみ

④　個人情報セキュリティの3要素

　　★個人情報セキュリティは，C（機密性），I（完全性），A（可用性）の3要素をバランスよく考慮して推進します．

| C | 機密性（Confidentiality）<br>許可を受けた人以外に情報が漏れないように |
|---|---|
| I | 完全性（Integrity）<br>情報が正確，完全で壊れないように |
| A | 可用性（Availability）<br>許可を受けた人が，情報を使いたいときに使えるように |

⑤　個人情報のライフサイクル

　　★個人情報の取得・入力，移送・送信，利用・加工，委託・提供，保管・バックアップ，消去・廃棄の一連の流れ

⑥　本　人

　　★個人情報により識別（特定）できる本人のこと

　　★個人情報保護への取組みは，個人情報をその本人の財産として考えるとわかりやすくなります．

⑦　従業者

　　★個人情報を取り扱う役員，従業員（正社員，契約社員，パート，アルバイト，派遣社員等）をあわせて，従業者と表します．

⑧　ICT（ITと同義）

　　★情報通信技術（Information and Communication Technology）の総称．PC（パソコン），サーバー，モバイル機器，情報システム，ソフトウェア，ICTサービスを使った情報処理や関連技術

　　★ICTサービスの例として，インターネットを通じて利用する検索，SNSや動画，オンラインストレージ，天気予報，旅行関連予約，

翻訳，金融等のウェブサイトやアプリケーションサービス（アプリ）があります．AI（人工知能）が裏側で機能していることも.

⑨　EU 一般データ保護規則

* 略称は，GDPR（General Data Protection Regulation）

* EU（欧州連合）の個人情報を保護するための規則．個人情報は本人のものであり，例えば，消去権（個人データの消去を要求する権利）や，データ可搬性（個人データをあるシステムから別のシステムに移動できる）という考え方が含まれています.

⑩　個人情報のプロファイリング

* 個人の特性を把握し利用するために，個人データを自動的に収集し，処理すること．例えば，インターネットでの検索等の利用状況や SNS の利用状況について AI（人工知能）等を用いて分析し，個人的嗜好や移動状況等を把握すること

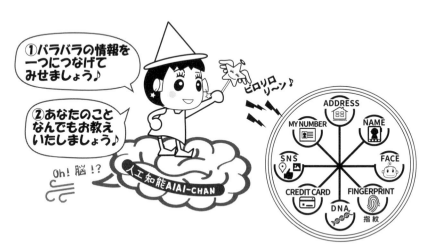

# AI（人工知能）が あなたの特性を 自動解析するかも!?（プロファイリング）

● **ワークブック**

[1] あなたが取り扱う個人情報は？　該当するものに ☑ を記入してください．なお，保有せず，閲覧するだけでも該当します．

### ■ 個人の顧客

| | | | |
|---|---|---|---|
| ☐ | 氏名 | ☐ | ID |
| ☐ | 生年月日 | ☐ | パスワード |
| ☐ | 連絡先情報（住所，TEL 等） | ☐ | メールアドレス |
| ☐ | クレジットカード情報 | ☐ | 金融機関の口座情報 |
| ☐ | 取引履歴 | ☐ | 交換情報（音声，メール履歴等） |
| ☐ | 特性・嗜好情報<br>（個人顧客から情報収集分） | ☐ | 特性・嗜好情報<br>（AI を利用した自動収集・分析分） |

### ■ 法人顧客・取引先（購買先，業務委託先等）の担当者の個人の情報

| | | | |
|---|---|---|---|
| ☐ | 氏名 | ☐ | 所属組織，役職 |
| ☐ | メールアドレス | ☐ | 所属組織の連絡先（住所等） |

### ■ 従業者の情報

| | | | |
|---|---|---|---|
| ☐ | 氏名 | ☐ | 生年月日 |
| ☐ | 履歴書情報（連絡先，特性等） | ☐ | 金融機関の口座情報 |
| ☐ | 保有資格情報 | ☐ | 人事・労務・保険情報 |
| ☐ | 勤務関連情報（成果等） | ☐ | 教育情報 |
| ☐ | 健康管理情報 | ☐ | 位置情報（GPS 等の利用による） |

### ■ 個人識別符号（個人ごとに異なる符号）

| | | | |
|---|---|---|---|
| ☐ | マイナンバー | ☐ | 健康保険被保険者証の記号・番号 |
| ☐ | 運転免許証番号 | ☐ | パスポート番号 |

### ■ 個人識別符号（電子計算機で処理できる身体的特徴のデータ）

| | | | |
|---|---|---|---|
| ☐ | 顔 | ☐ | 指紋・掌紋 |
| ☐ | 目の虹彩 | ☐ | 手の静脈の分岐 |
| ☐ | DNA | ☐ | 声紋 |

### ■ ウェブサイトやアプリ等で自動収集する情報

| | | | |
|---|---|---|---|
| ☐ | クッキー | ☐ | Web ビーコン |

### ■ カメラが自動収集する情報（画像，音声等）

| | | | |
|---|---|---|---|
| ☐ | 防犯カメラの収集データ | ☐ | ドライブレコーダーの収集データ |

## 1.3 プライバシーマーク制度とは

① プライバシーマーク制度は，一般財団法人日本情報経済社会推進協会（JIPDEC）が創設し，運営の主体をつとめる第三者認証制度です．

② JIS Q 15001 に準拠した「プライバシーマークにおける個人情報保護マネジメントシステム構築・運用指針」に基づく適切な個人情報保護の体制を整えた事業者等は，所定の手続きと審査を経て認められる場合には，プライバシーマーク（P マーク）が付与されます．事業者等はこのマークを会社案内や名刺等に表示することができ，個人情報保護に積極的に取り組んでいることを顧客を含む利害関係者に表明できます．

10123456(01)

## 1.4 プライバシーマーク制度の主な基準

① 制度や審査基準等の情報は，一般財団法人日本情報経済社会推進協会（JIPDEC）のウェブサイトで参照できます．

② PMS（個人情報保護マネジメントシステム）を整備し，推進する際に考慮すべき主な基準には，次のものがあります．

(a) JIS Q 15001:2023　個人情報保護マネジメントシステム―要求事項［一般財団法人日本規格協会（JSA）発行］

(b) プライバシーマークにおける個人情報保護マネジメントシステム構築・運用指針［一般財団法人日本情報経済社会推進協会（JIPDEC）発行］

(c) 個人情報保護法および政令，規則等

(d) 個人情報の保護に関する法律についてのガイドライン　［個人情報保護委員会　発行］

本書を用いて，(a)JIS Q 15001:2023 の重要ポイントの理解を深めましょう．

## 1.5　JIS Q 15001 とは

① JIS Q 15001 は，個人情報を保護するためのしくみ（マネジメ
ントシステム）を表した国家規格です．企業・組織が個人情報を保
護するために取り組むと効果的な要求事項が凝縮されています．

② JIS Q 15001 の構成，本書との関連は次のとおりです．

| | JIS Q 15001:2023 の構成と概要 | 本書の章 |
|---|---|---|
| 要求事項 | **本体**<br>0 序文，1 適用範囲，2 引用規格，<br>3 用語及び定義 | 第1章 |
| | 4 組織の状況〜10 改善<br>PMS（個人情報保護マネジメントシステム）の要求事項を表す． | 第3章 |
| | **附属書 A（規定）個人情報保護に関する管理策**<br>JIS Q 15001 "6.2.3 個人情報保護リスク対応"を具体的に推進するための管理策（リスク対策）を記載 | |
| 参考情報 | **附属書 B（参考）マネジメントシステムに関する補定**<br>JIS Q 15001 4〜10 を補足する参考情報 | 第3章<br>第4章 |
| | **附属書 C（参考）附属書 A の管理策に関する補定**<br>附属書 A を補足する参考情報 | |
| | **附属書 D（参考）<br>安全管理措置に関する管理目的及び管理策**<br>附属書 A.10 "安全管理措置"を具体的に推進するための管理目的（ねらい）と管理策（リスク対策）を参考として記載 | 第5章<br>第6章 |
| | **附属書 E（参考）<br>JIS Q 15001:2023 と JIS Q 15001:2017 との対応** | ― |

## 1.6　リスク・機会とは

JIS Q 15001 では，リスクと機会の考え方が用いられています．

① リスク（risk）とは[1]

良くない結果につながる可能性．例えば，個人情報の
漏えいや個人情報保護法違反等につながる可能性があ
ること

② 機会（opportunity）とは

良い結果につながる可能性．例えば，個人情報を活用
し顧客にとって好ましいサービスを提供できる可能性
があること

③ リスクの大きさ

［影響度］×［発生可能性（起こりやすさ，頻度）］

④ リスク・機会に応じた対策

---

[1]　リスクは"目的に対する不確かさの影響"と JIS Q 31000:2019　3.1 では定義さ
れており，好ましい面，好ましくない面の両方を含みますが，本書では一般的なリス
クのイメージを考慮して，上記の①の好ましくない面のリスクの考え方で用います．

⑤　リスクマネジメントの考え方

| リスクの特定 | 顕在・潜在するリスクを特定する. |
|---|---|
| リスクの分析 | リスクの特質を分析し，リスクの大きさ（影響度×発生可能性）を決定する. |
| リスクの評価 | リスク分析結果とリスク基準を比較し，リスク対応の優先順位を決定する. |

| リスク対応 | リスクの低減 | リスクへの対策（安全管理措置等）を推進し，リスクが発生した際の影響度や発生可能性を低減する.<br>例：セキュリティソフトを使用する. |
|---|---|---|
| | リスクの回避 | リスク源（大本）を除去する.<br>例：AIで個人情報の入力, 利用, 意図的な処理を禁止する. |
| | リスクの共有 | リスクを他者と共有する.<br>例：個人情報漏えいに備えて保険をかける. |
| | リスクの保有 | （リスクが小さい場合）リスクへの対応を行わずに"しかたない"と受け入れる（リスクを保有した状態）. |

**個人情報のリスクに応じた対策を打ちます**

# 第2章

# 見るみる P モデル

この章では，JIS Q 15001 の目次の項
目を，PDCA サイクルの視点から見直
し，"見るみる P モデル" という図に再
定義しました．
JIS Q 15001 の規格本体（4〜10），
附属書 A，D との関連性を確認するとき，
また内部監査の準備や実施の際に JIS Q
15001 の全体像を俯瞰的に見るために
ご活用ください．

見るみる P モデル
コラム：プライバシーマーク制度と
　　　　ISMS（ISO/IEC 27001）
　　　　第三者認証の比較

| 見るみるPモデル | | | | JIS Q 15001:2023 |
|---|---|---|---|---|

| リーダーシップ | | 組織の分析 | 4 組織の状況 | 4.1 組織及びその状況の理解<br>4.3 個人情報保護マネジメントシステムの適用範囲の決定 |
| | | Policy（方向性） | 方　針 | 5.2 方針　5.2.1 個人情報保護方針 |
| 5<br>リーダーシップ<br><br>5.1<br>リーダーシップ及びコミットメント<br><br>D.5<br>個人情報に係る情報セキュリティのための方針群 | | Plan（計画） | 組　織 | 5.3 役割，責任及び権限 |
| | | | 6 計画策定 | 個人情報<br>リスクアセスメント |
| | | | | 6.1 個人情報の特定<br>6.2 リスク及び機会への取組<br>　6.2.1 一般　6.2.2 個人情報保護リスクアセスメント |
| | | | | 個人情報<br>リスク対応 |
| | | | | 6.2.3 個人情報保護リスク対応<br>［★附属書A，D全般］ |
| | | | | 目的・計画 |
| | | | | 6.3 個人情報保護目的及びそれを達成するための計画策定 |
| | | | | 変更の計画 |
| | | | | 6.4 変更の計画策定 |
| | 支援 | Do（実施） | 7 支援 | 人 |
| | | | | 7.1 資源　7.2 力量　7.3 認識<br>D.7 人的資源のセキュリティ［※3 人的管理策］ |
| | 8 運用 | | 8.1 運用の計画及び管理 | 個人情報の取得・利用・管理<br>［★附属書A.より］ |
| | | | | A.1 利用目的の特定　　　　A.10 安全管理措置※1<br>A.2 利用目的による制限　　A.11 従業者の監督※1<br>A.3 不適正な利用の禁止　　A.12 委託先の監督※1<br>A.4 適正な取得　　　　　　A.13 漏えい等の報告等※1<br>A.5 要配慮個人情報などの取得　A.14 第三者提供の制限<br>A.6 個人情報を取得した場合の措置　A.15 外国にある第三者への提供の制限<br>A.7 A.6のうち本人から直接書面　　A.16 第三者提供に係る記録の作成等<br>　によって取得する場合の措置　A.17 第三者提供を受ける際の確認等<br>A.8 本人に連絡又は接触する場合の措置　A.18 個人関連情報の第三者提供の制限等<br>A.9 データ内容の正確性の確保等　A.19 保有個人データに関する事項の公表等 |
| | | | | 技術的管理策 |
| | | | | ICT関連　D.8　資産の管理［※1，※2組織的管理策］<br>　　　　　D.9　アクセス制御<br>　　　　　D.10 暗号<br>　　　　　D.12 運用のセキュリティ<br>　　　　　D.13 通信のセキュリティ<br>　　　　　D.14 個人情報システムの取得，開発及び保守 |
| | | Check（チェック） | 9 パフォーマンス評価 | 分析・評価 |
| | | | | 9.1 監視，測定，分析及び評価 |
| | | | | 内部監査 |
| | | | | 9.2 内部監査 |
| | | | | M　R |
| | | | | 9.3 マネジメントレビュー |
| | | Act（改善） | 10 改善 | 是正処置 |
| | | | | 10.2 不適合及び是正処置　　A.26 個人情報取扱 |

※1 関連箇所にも重複記載しています

(C) Hiroshi Fukada, Kazumasa Terada

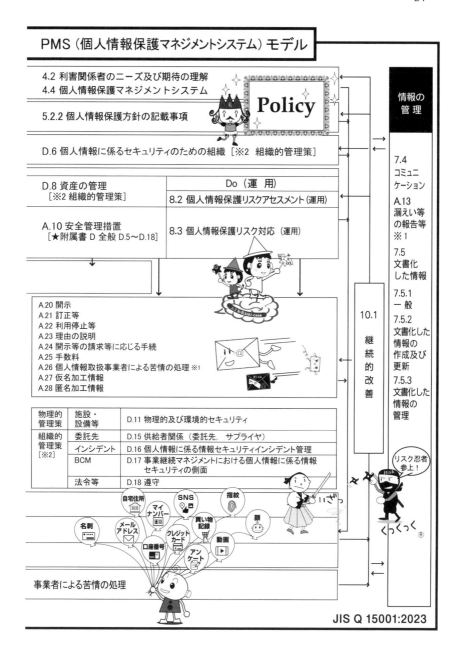

コラム：プライバシーマーク制度と ISMS（ISO/IEC 27001）
　　　　第三者認証の比較

| 項目 | プライバシーマーク<br>PMS（個人情報保護<br>マネジメントシステム） | ISMS<br>（情報セキュリティ<br>マネジメントシステム） |
|---|---|---|
| 主な審査基準 | ○JIS Q 15001 規格 ［※1］<br>○個人情報保護法およびガイドライン<br>○プライバシーマーク審査基準等（＊1.4 参照） | ○ISO/IEC 27001 規格（JIS Q 27001）［※2］<br>○情報セキュリティ関連法令（個人情報） |
| 適用組織 | ○プライバシーマーク付与の対象は，国内に活動拠点を持つ事業者で，法人単位（全社単位）． | ○企業が適用範囲（組織・拠点）を限定できる．<br>○特定部門だけでも認証可能． |
| 情報 | ○個人情報のみ | ○全ての情報が対象<br>（個人情報を含む） |
| リスクアセスメント | ○個人情報のリスクアセスメント方法は，組織が決めることができますが，留意事項があります．<br>○例えば，個人情報のライフサイクルを考慮する等の，考慮事項があります． | ○リスクアセスメント方法は，ISO/IEC 27001 には，あまり細かい記載はありません．<br>○情報のリスクアセスメント方法は，組織が決めることができる範囲が広いです． |
| 安全管理策 | ○組織的，人的，物理的，技術的安全管理策を講じます．<br>○附属書 D は，ISO/IEC 27002：2013 の管理策を個人情報に当てはめたものですが，"参考"扱いです． | ○組織的，人的，物理的，技術的安全管理策を講じます．<br>○ISO/IEC 27001 の "附属書 A（規定）情報セキュリティ管理策" を考慮して，リスク・機会の内容や大きさに応じた管理策を講じます． |
| 運用上の留意事項 | ○全従業者教育，内部監査，マネジメントレビューの実施を求めています（毎年必要）． | ○教育，内部監査，マネジメントレビューの実施が求められています（頻度は組織が計画します）． |

［規格名称］
※1　JIS Q 15001:2023 個人情報保護マネジメントシステム―要求事項
※2　ISO/IEC 27001:2022（JIS Q 27001:2023）情報セキュリティ，サイバーセキュリティ及びプライバシー保護―情報セキュリティマネジメントシステム―要求事項

# 第3章

# JIS Q 15001 要求事項の
# 重要ポイントとワークブック

この章では，JIS Q 15001（本体）の
重要ポイントを説明します．

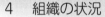

**注記**：第3章では，次の表記でJIS Q 15001の重要ポイントを説明しています．
　・JIS Q 15001本体の要求事項：①，②…から始まる箇条書き
　・著者による補足説明：［補足説明］から始まる内容
　・要求事項の説明で用いる(a)，(b)などの表記は，項目の明確化のための本書独
　　自の表記であり，JIS Q 15001の要求事項の記述で用いられている a)，b) など
　　の表記に対応するものではないことにご注意ください．

# 4　組織の状況

4.1　組織及びその状況の理解
4.2　利害関係者のニーズ及び期待の理解
4.3　個人情報保護マネジメントシステムの
　　　適用範囲の決定
4.4　個人情報保護マネジメントシステム

# 5　リーダーシップ

5.1　リーダーシップ及びコミットメント
5.2　方　針
5.3　役割，責任及び権限

## 4 組織の状況

### 4.1 組織及びその状況の理解

① (a)自社・組織の目的（事業目的）に関連し，(b)PMS（個人情報保護に取り組むしくみ）の成果に影響を与える外部の課題（組織の外部の課題．例えば広く社会の状況や，社会への ICT 技術の浸透）および内部の課題（組織の内部課題．例えば，従業者の技術や知識の習熟度）を明確にします．

② 個人情報の取扱いに関する法令，国が定めるその他の規範（以下法令等という．）を特定し，参照可能な手順を確立し，維持します．この手順は，文書化し，その情報を利用できるようにしておきます．

### 4.2 利害関係者のニーズ及び期待の理解

① PMS に関連する(a)利害関係者（例：お客様，協力会社，従業員等），(b)その利害関係者の個人情報保護に関連する要求事項を明確にします．

② 上記の要求事項のうち，個人情報保護マネジメントシステムを通して取り組むものを明確にします．この要求事項には 4.1 で特定した法令等の遵守を含める必要があります．

### 4.3 個人情報保護マネジメントシステムの適用範囲の決定

① (a)4.1 で明確にした外部・内部の課題，(b)4.2 で明確にした利害関係者の要求事項と，(c)顧客や外部委託先（協力会社等）との関係を考慮して，PMS で取り組む範囲を決定し，文書化しておきます．

**[補足説明]** JIS Q 15001 "1 適用範囲"において，規格における"組織"とは，個人情報取扱事業者など（☞ 参考：第1章 1.1⑥）を意味することが述べられていますので，JIS Q 15001 の適用範囲は，原則として法人単位になります．

## 4.4　個人情報保護マネジメントシステム

① 　JIS Q 15001 の要求事項に基づいて，PMS を確立し，運用し，継続的に改善していきます．

② 　PMS のしくみおよび附属書 A に規定される管理策は，トップマネジメント（経営者）またはトップマネジメントから権限を与えられたもの（例：個人情報保護管理者）が策定し，自社・組織の手順に基づいて承認を受け，実行に移します．

# 5　リーダーシップ

## 5.1　リーダーシップ及びコミットメント

① 　トップマネジメントは，次に示すような種々の取組みによって PMS に関するリーダーシップおよび積極的な取組みの姿勢を明確に示します．

　（a）自社・組織の戦略的な方向性（事業上の目的）と方向性が一致するよう個人情報保護方針，個人情報保護目的を確立する．

　（b）業務活動に個人情報保護の取組みを組み込む．

　（c）必要な資源を提供し，業務のあらゆる場面で個人情報保護を確実にする．

　（d）個人情報保護の重要性を関連する人々に伝達する．

　（e）従業員や管理者層がそれぞれの立場でリーダーシップを発揮し，PMS の有効性に貢献できるよう支援する．

　（f）継続的改善を推進する．

**〔補足説明〕**

個人情報保護目的の例：個人情報の安全な管理ならびに国内および国際的な規制に基づく管理を確実にしながら，お客様へのサービス向上のために，個人情報を戦略的に活用する．

# 管理者層はそれぞれの立場で個人情報保護のためのリーダーシップを発揮します

## 5.2　方　針

### 5.2.1　個人情報保護方針

① 　トップマネジメントは，次のような項目を考慮に入れて個人情報保護方針を策定します．

　(a) 　自社・組織の事業目的に対して適切なものとする．

　(b) 　個人情報保護目的を含めるか，またはその方向性を示す．

　(c) 　個人情報保護に関連する法令などの要求事項を満たすことのコミットメント（表明，約束）を含む．

　(d) 　PMS の継続的改善のコミットメント（表明，約束）を含む．

② 　個人情報保護方針は，文書化した情報として利用できるようにし，社内に伝達し，必要に応じて利害関係者が入手できるようにします．

③ 　個人情報保護方針文書は一般の人が入手できるようにします．

### 5.2.2　個人情報保護方針の記載事項

① 　個人情報保護方針に含めるべき内容が規定されています．

● **ワークブック**

[1] 自社の個人情報保護方針に含まれる記述を確認しましょう.

| No. | 個人情報保護方針に含めるべき内容 | 確認済 |
|---|---|---|
| 1 | 事業内容・規模に応じた適切な個人情報の取得, 利用および提供に関すること | ☐ |
| 2 | 利用目的の達成に必要な範囲を超えた利用は行わないこと, そのために必要な措置を実施すること | ☐ |
| 3 | 個人情報の取扱いに関する法令, 国が定めるその他の規範を遵守すること | ☐ |
| 4 | 個人情報の漏えい・滅失（めつしつ）・毀損（きそん）の防止と再発防止を含む改善処置に関すること | ☐ |
| 5 | 苦情や相談に対応すること | ☐ |
| 6 | PMSの適用範囲と継続的改善に関すること | ☐ |
| 7 | トップマネジメントの氏名 | ☐ |
| 8 | 制定年月日および最終改正年月日 | ☐ |
| 9 | 個人情報保護方針の内容に関する問い合わせ先 | ☐ |

## 5.3　役割, 責任及び権限

### 5.3.1　一　般

① トップマネジメントは個人情報保護に関連する役割（例：全体の管理者, 責任者, 担当者等）を明確にして, 責任・権限を割り当て, 自社内に伝達します.

② トップマネジメントは, 次の事項に関する責任・権限を割り当てます.

（a）PMSがJIS Q 15001に適合することを確実にする.

（b）PMSの実績をトップマネジメントに報告する.

### 5.3.2　役割，責任及び権限の割当て

① トップマネジメントは，少なくとも，（a）個人情報保護管理者，（b）個人情報保護監査責任者を社内から任命し，責任・権限を割り当てます．

② 個人情報保護管理者は，JIS Q 15001 を理解し，実践できる人でなければなりません．

③ 個人情報保護管理者は，PMS の見直しおよび改善につなげるため，トップマネジメントに PMS の運用状況を報告します．

④ トップマネジメントは，個人情報保護監査責任者に，監査の実施と報告を行わせます．

⑤ 個人情報保護監査責任者は，監査を指揮し，監査報告書を作成し，トップマネジメントに報告します．

⑥ PMS の適用範囲が複数の会社・組織に及ぶ場合，それぞれの会社・組織ごとに個人情報保護管理者および個人情報保護監査責任者を任命することが推奨されています．

⑦ 個人情報保護管理者と個人情報保護監査責任者を兼任することはできません．

職務上の権限と，力量が体制構築の要です

# 6　計画策定

6.1　個人情報の特定
6.2　リスク及び機会への取組
6.3　個人情報保護目的及びそれを達成する
　　ための計画策定
6.4　変更の計画策定

# 6 計画策定

## 6.1 個人情報の特定

① 事業のために使用している全ての個人情報を特定するための手順を確立し，維持します．

② 以下のような情報を取り扱う場合，個人情報と同様に特定するための手順を確立し，維持することが推奨されています．

(a) 自社で取り扱う仮名加工情報（個人情報以外）

(b) 自社で取り扱う匿名加工情報

(c) 提供先の第三者において個人情報になることが想定される個人関連情報（例：Web サイトの閲覧で生成または利用される Cookie，IP アドレス，閲覧履歴）

③ 個人情報管理台帳を整備し，少なくとも年 1 回以上，あらかじめ定めた間隔で，また，必要に応じて，確認し，最新の状態で維持します．

## 6.2 リスク及び機会への取組

### 6.2.1 一　般

① PMS の計画を策定するときは，(a)PMS の意図した成果を達成するため，(b)望ましくない影響を防止・低減するため，(c)継続的改善を達成するために取り組む必要のある "リスク・機会" を決定します．

☞ 参考：第 1 章　1.6　リスク・機会とは

② リスク・機会は，(d)外部・内部の課題（4.1），(e)利害関係者の要求事項（4.2）を考慮して決定します．

③ 6.1 で特定した個人情報について，利用目的の達成に必要な範囲を超えた利用を行わないため，必要な対策を行う手順を確立し，維持します．

④　また，6.1で特定した個人情報の取扱いについて，個人情報保護リスクを特定し，分析し，必要な対策を行う手順を確立し，維持します．

⑤　現状で実施し得る対策を行い，未対応のものについて残留リスクとして把握し，管理します．

⑥　リスク・機会への取組みでは，(f)どのようにリスク・機会に取り組むか，(g)その取組みをどのようにPMSに組み込むか，(h)その取組みの有効性をどのように評価するか，を決定します．

⑦　個人情報保護リスクの特定，分析と実施した個人情報保護リスク対策を少なくとも年1回および適切な時期に見直しを行います．

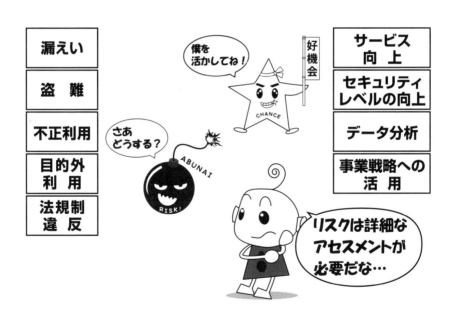

## 6.2.2　個人情報保護リスクアセスメント

① 　個人情報保護リスクアセスメントの手順を定め，適用します．

② 　(a)リスクの優先順位付けを行うためのリスクの大きさおよび種類を決定するための基準や，(b)リスクアセスメントを実施するための基準を含む個人情報保護のリスク基準を決めて，運用します．

③ 　リスクアセスメントの手順は，一貫性および妥当性があり，比較可能な結果を生み出すことが必要です．

④ 　リスクアセスメント手順では，個人情報の不適切な取扱いによって起きる可能性のある個人情報保護リスクを特定し，そのようなリスクに責任をもつ人を特定します．個人情報保護リスクを特定するとき，(c)個人情報のライフサイクル，(d)個人情報の性質，(e)関連する情報処理施設や情報システム，(f)現在適用している安全管理措置などを考慮します．

⑤ 　リスクの分析では次のことを検討し，リスクレベルを決定します．

　(g) リスクが実際に発生した場合に起こり得る結果（例：悪意をもった不正アクセスがあった場合，個人情報が漏えいし，不正に利用される．）

　(h) リスクの現実的な起こりやすさ（例：いくつかの処理の誤りが重なるなど，特定の条件で発生する可能性がある．担当者がたった一つの操作を間違えただけで発生する可能性がある．）

⑥ 　リスク分析の結果を，②で確立したリスク基準と比較し，リスク対応のための優先順位付けを行い，リスクを受け入れることが可能かを判断します．

⑦ 　個人情報保護リスクアセスメントのための手順とその結果について文書・記録を作成し，利用できるようにします．

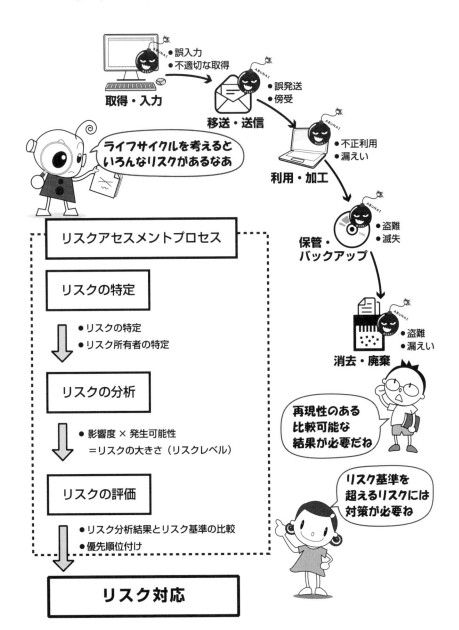

### 6.2.3 個人情報保護リスク対応

① 次のことを行うためのリスクへの対応を決定する手順を決めて, 実施します.

　(a) リスクアセスメントの結果を反映して, 適切な個人情報保護リスク対応の方向性を決定する.

　(b) リスク対応に必要な全ての管理策を決定する.

　(c) JIS Q 15001 の附属書 A と比較し, (b)で選択した管理策に見落としがないことを確認する.

　(d) 個人情報保護リスクへ対応するための計画を策定する.

　(e) 現状実施できる対策を実施した上で, リスクへ対応するための計画と残留している個人情報保護リスクを受け入れることについて, リスク所有者の承認を得る.

　(f) (e)で把握した残留リスクを管理する.

② リスク対応のための手順とその結果について, 文書・記録を作成し, 利用できるようにします.

## 6.3　個人情報保護目的及びそれを達成するための計画策定

①　関連する部門・階層で，個人情報保護目的を確立します．

②　個人情報保護目的は，(a)個人情報保護方針と整合し，(b)測定可能な目標として，(c)個人情報保護に関する要求事項を考慮に入れ，(d)リスクアセスメント結果およびリスク対応の結果を考慮に入れて設定します．また，設定された個人情報保護目的は，(e)その達成状況を監視し，(f)社内に伝達し，(g)必要に応じて更新し，(h)文書化しておく必要があります．

③　個人情報保護目的を達成するための計画では，(i)何を実施するか，(j)何が必要か（人，モノ，カネなど），(k)誰が実施するのか，(l)いつまでに実施するのか，(m)実施した結果をどのように評価するのか，を明確にします．

④　PMSを確実に運用するため，少なくとも年1回，教育実施計画および内部監査年間計画を立案し，文書化します．

## 6.4　変更の計画策定

①　PMSの変更が必要になったときには，計画的な方法で変更を行います．

# 7 支 援

# 8 運 用

# 7 支援

## 7.1 資源

①　PMS の確立，実施，維持および継続的改善に必要な資源を決定し，提供します．

## 7.2 力量

①　個人情報保護のパフォーマンスに影響を与える業務を行う人に必要な力量を決定します．

②　教育訓練や業務経験等の適切な方法によって，それらの人々に必要な力量を取得させます．力量をつけるために実施した教育訓練や OJT 等の有効性を評価します．

③　力量の証拠を記録します．

**[補足説明 1]**　個人情報保護のパフォーマンスとは，法令などに基づいて，個人情報を管理するしくみの確実さ，安全管理措置の確実さ，など PMS の運用に関する結果を意味します．

**[補足説明 2]**　力量は放っておくと陳腐化します．定期的な更新教育の実施等，力量を維持するための処置が必要です．

## 7.3 認識

①　自社・組織の管理のもとで働く人々は，次の事項に関する認識をもつ必要があります．(a)個人情報保護方針，(b)PMS に適合することの重要性・利点，PMS に関連する自分自身の役割・責任，および PMS の有効性に自身がどのように貢献できるか，(c)個人情報保護パ

認識の確認のためにはテストやアンケートが必要だね

フォーマンスの向上がどのようなメリットをもたらすか，（d）PMS
要求事項に違反した場合に想定される結果.
② 　これらの認識を確実にするために，全ての従業者に，毎年１回以
上，および，適宜に教育を行います.

## 7.4　コミュニケーション
### 7.4.1　一　般
① 　PMS の運用に必要な内部・外部のコミュニケーションを決定し，
（a）何を，（b）いつ，（c）誰と，（d）誰が，（e）どのようにしてコミュ
ニケーションを行うのかを，明確にします.
② 　個人情報保護に関連する業務の実施に必要な知識を明確にし，PMS
に関連する内部・外部のコミュニケーションを実施する必要性を決定
します. 上記で明確にした知識を最新の状態にしておくなど適切に維
持し，必要なときに利用できる状態にします.

### 7.4.2　苦情及び相談への対応
① 　個人情報の取扱いおよび PMS に関して，本人からの苦情・相談を
受け付け，適切かつ迅速に対応できるよう手順を決めて，運用しま
す.
② 　上記の苦情・相談に対応するための体制を整備します.

### 7.4.3　緊急事態への対応
① 　個人情報保護リスクを考慮し，（a）その影響を最小限とするために，
（b）緊急事態を特定するための手順，および，（c）特定した緊急事態
にどのように対応するかの手順を決めて，運用します.
② 　緊急事態への対応手順には，次の事項を含めます.
（d）漏えい，滅失，毀損が発生した個人情報の内容を，本人に速や

かに通知するか，または，本人が容易に知ることのできる状態に置く．

（e）二次被害の防止，類似の事件・事故の発生回避等の観点から，可能な限り事実関係，発生原因，対応策を，遅滞なく公表する．

（f）事実関係，発生原因，対応策を関係機関に直ちに報告する．

## 7.5　文書化した情報

### 7.5.1　一　般

①　(a)JIS Q 15001 が要求する文書化した情報，(b)PMS の有効性のために必要と判断した情報は文書または記録として維持，管理します．

**［補足説明］**　本書では，わかりやすさのため，"文書化した情報"について，"文書"または"記録"と表記しています．

②　JIS Q 15001 で要求される文書または記録には，(a)個人情報保護方針，(b)内部規程，(c)内部規程を運用する上で必要な様式，(d)計画書，(e)JIS Q 15001 が要求する記録，および(f)PMS を運用する上で必要と判断した記録が含まれます．

### 7.5.1.1　内部規程

①　文書化すべき内部規程について規定されています．

②　内部規程は，実際の業務に PMS が確実に適用されるよう改訂します．

### 7.5.1.2　この規格が要求する記録

①　PMS および JIS Q 15001 への適合を実証するために必要な記録を作成し，維持します．

②　記録管理の手順を決定し，運用します．

● **ワークブック**

[1] JIS Q 15001 で要求される規程が備わっていることを確認しましょう.

| No. | 必要な内部規程 | 確認済 |
|---|---|---|
| 1 | 法令，国が定める指針，その他の規範を特定，参照,維持するための規定 | ☐ |
| 2 | 各部門，階層における個人情報を保護するための役割および責任に関する規定 | ☐ |
| 3 | 個人情報を特定する手順に関する規定 | ☐ |
| 4 | 個人情報保護リスクアセスメントおよびリスク対応の手順に関する規定 | ☐ |
| 5 | 次を含む管理策に関する規定 | |
| | ○個人情報の取得，利用および提供に関する規定 | ☐ |
| | ○データの内容の正確性の確保等，安全管理措置，従業員の監督，委託先の監督など個人情報の適正管理に関する規定 | ☐ |
| | ○本人からの開示等の請求等に関する規定 | ☐ |
| 6 | 教育などに関する規定 | ☐ |
| 7 | 苦情・相談への対応に関する規定 | ☐ |
| 8 | 緊急事態への対応に関する規定 | ☐ |
| 9 | 文書・記録の管理に関する規定 | ☐ |
| 10 | 監視・測定，分析・評価，内部監査に関する規定 | ☐ |
| 11 | マネジメントレビューに関する規定 | ☐ |
| 12 | 不適合および是正処置に関する規定 | ☐ |
| 13 | 内部規程の違反に関する罰則の規定 | ☐ |

● **ワークブック**

[2] JIS Q 15001で要求される記録が備わっていることを確認しましょう.

| No. | 必要な記録 | 確認済 |
|---|---|---|
| 1 | 法令,国が定める指針,その他の規範に関する記録 | ☐ |
| 2 | 個人情報の特定に関する記録 | ☐ |
| 3 | 個人情報保護リスクアセスメントおよびリスク対応に関する記録 | ☐ |
| 4 | 以下を含む管理策で求められる記録 | |
| | ○利用目的の特定に関する記録 | ☐ |
| | ○保有個人データに関する開示等(利用目的の通知,開示,内容の訂正,追加または削除,利用の停止または消去,第三者提供の停止)の請求等への対応記録 | ☐ |
| | ○第三者提供に係る記録 | ☐ |
| 5 | 教育などの実施記録 | ☐ |
| 6 | 苦情および相談への対応記録 | ☐ |
| 7 | 緊急事態への対応記録 | ☐ |
| 8 | 監視,測定,分析および評価の記録 | ☐ |
| 9 | 内部監査報告書 | ☐ |
| 10 | マネジメントレビューの記録 | ☐ |
| 11 | 不適合および是正処置の記録 | ☐ |

## 7.5.2　文書化した情報の作成及び更新

① 文書・記録を作成・更新する場合は，(a)タイトル，日付，作成者等の適切な識別・記述を行い，(b)適切な形式および媒体を利用し，(c)記述内容の適切性・妥当性についてのレビュー，承認を得て，発行します．

② 全ての文書・記録を作成・更新する手順を決定し，運用します．

## 7.5.3　文書化した情報の管理

① PMS および JIS Q 15001 で要求されている文書・記録は，(a)必要な時に，必要な所で，使えるようにして，(b)機密保持や不適切な使用の防止等の観点も含めて適切に保護します．

② 文書・記録の管理においては，(c)配付，アクセス，検索等，(d)保管および保存，(e)変更管理，(f)必要な期間保持し，廃棄すること等を確実にします．

③ PMS の計画策定および運用のために必要な外部からの文書も，必要に応じて明確にし，管理します．

# 8　運　用

## 8.1　運用の計画及び管理

①　(a)個人情報保護要求事項を満たすため，(b)"6計画策定"で決定した取組みを実施するために必要な活動を計画し，管理します．

②　個人情報保護目的を達成するため，(c)運用の基準を明確にし，(d)基準に沿って業務を管理します．

③　PMSの運用を確実にするため，運用の手順を明確にします．

④　活動が計画どおりに実施されたことを自ら確認し，第三者に実証できるように文書・記録を作成し，保持します．

⑤　PMSとその運用の変更を管理し，計画外の変更があった場合には，その結果をレビューし，必要に応じて有害な影響を軽減する処置をとります．

⑥　PMSに関連する外部から提供されるプロセス，製品・サービスの管理を確実にします（例：クラウドサービスを用いた個人情報の管理）．

## 8.2　個人情報保護リスクアセスメント

①　6.2.2で決定した基準に従って，あらかじめ定めた間隔で，および，重大な変更が計画された，または，重大な変化が生じた場合に，個人情報保護リスクアセスメントを実施します．

②　このリスクアセスメントの結果を，記録します．

## 8.3　個人情報保護リスク対応

①　個人情報リスクへ対応するための計画を実施し，その対応結果について記録します．

# 9 パフォーマンス評価

9.1 監視，測定，分析及び評価
9.2 内部監査
9.3 マネジメントレビュー

# 10 改　善

10.1 継続的改善
10.2 不適合及び是正処置

## 9  パフォーマンス評価

### 9.1  監視，測定，分析及び評価

①  各部門，階層の管理者は，定期的に，および，適切なタイミングで PMS が適切に運用されているか確認し，不適合が発見された場合，是正処置を実施します.

②  個人情報保護管理者は，マネジメントレビューのために，定期的に，および，適切なタイミングでトップマネジメントに PMS の状況を報告します.

③  個人情報保護プロセスおよび管理策に関連して，(a)何を監視・測定するのか，(b)どのように，監視・測定し，分析・評価するのか，(c)いつ，(d)誰が監視・測定するのか，その結果を (e)いつ，(f)誰が，分析し評価するのか，を決定します.

④  監視・測定の結果を記録します.

⑤  監視・測定の結果に基づき，個人情報保護パフォーマンスおよび PMS の有効性を評価します.

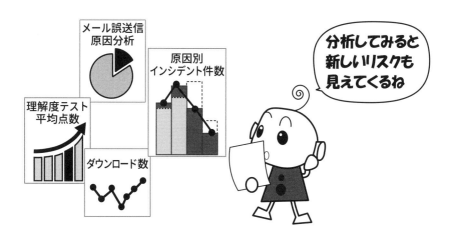

## 9.2　内部監査

### 9.2.1　一　般

①　PMS が，(a)自社・組織の定めた要求事項，および，JIS Q 15001 の要求事項に適合していること，(b)有効に実施され，維持されていることを確認するために，定期的に，および必要に応じて内部監査を実施します．

② 　誰が，内部監査を計画，実施，報告し，記録を保管するのか，その具体的な実施に関する責任，権限や手順を定めて，実行します．

③ 　個人情報保護監査責任者は，監査員が自分の所属する部署を監査しないよう監査を計画し，その実行を指示します．

### 9.2.2　内部監査プログラム

① 　どのくらいの頻度で，誰が，どのように内部監査を計画し，報告するのかを明確にした，内部監査プログラムを作成し，実施します．

② 　監査プログラムでは，監査対象となる活動などの重要性と，前回までの監査結果を考慮に入れます．

③ 　各監査の監査基準および監査範囲を明確にし，客観的で公平な監査が実施できるよう監査員を選定し，監査を行います．

④ 　監査の結果は関連する管理層に報告し，監査プログラムおよび監査結果の証拠を記録として保持します．

基　準
・JIS Q 15001
・マネジメントシステム文書
・法規制など
・利害関係者との取決め

現　場

基準＝現場（証拠）？
改善ポイントは？？

方針達成に向けて
形ではなく中身重視の効果的な監査を！

## 9.3　マネジメントレビュー

### 9.3.1　一　般

①　トップマネジメントは，自社・組織の PMS が引き続き，適切，妥当で有効であることを確認するために，年に 1 回以上定期的に，さらに必要に応じて PMS をレビューします．

### 9.3.2　マネジメントレビューへのインプット

①　マネジメントレビューへのインプットには，次の事項を含めます．
- 前回までのマネジメントレビューの結果とった処置の状況
- PMS に関連する外部・内部の課題の変化
- PMS に関する利害関係者のニーズおよび期待の変化
- 不適合および是正処置，監視・測定の結果，監査結果，個人情報保護目的の達成を含む個人情報保護パフォーマンスの情報
- 利害関係者からのフィードバック
- 個人情報保護リスクアセスメントの結果およびリスク対応計画の状況
- 継続的改善の機会

### 9.3.3　マネジメントレビューの結果

①　マネジメントレビューの結果として，継続的改善の機会，PMS のあらゆる変更の必要性を決定します．
②　マネジメントレビューの結果は記録しておきます．

# 10　改　善

## 10.1　継続的改善

① PMS の適切性，妥当性および有効性を継続的に改善します.

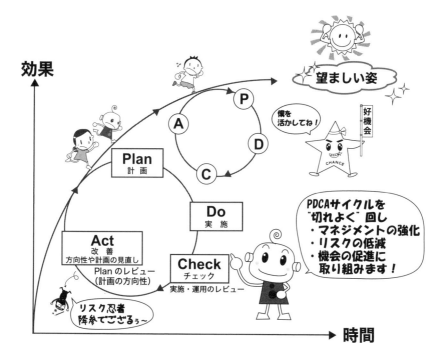

## 10.2　不適合及び是正処置

①　不適合に対する是正処置を確実に実施するための責任・権限を定める手順を決めて，運用します．

②　不適合が発生した場合は，(a)不適合を管理し，(b)不適合を修正し，(c)不適合によって引き起こされた結果に対処します．

③　不適合が再発しないように，または，他のところで発生しないようにするために，(d)不適合を調査し，(e)原因を明確にし，(f)類似の不適合の有無および発生する可能性を明確にし，(g)必要な処置を実施します．

④　不適合に対してとった全ての処置の有効性をレビューし，必要な場合には，PMSの変更を実施します．

⑤　これらの是正処置は，不適合のもつ影響に応じたものとします．

⑥　不適合の性質およびとった処置，是正処置の結果について記録します．

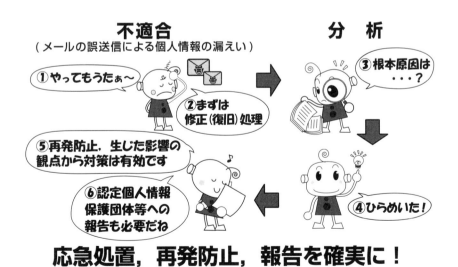

# 第4章

# JIS Q 15001 附属書 A の
# 重要ポイントとワークブック

この章では，附属書 A に規定される，
A.1 から A.28 の管理策について概要を
解説します．ワークブックも利用して，
理解を深めましょう．

注記：第4章では，次の表記で JIS Q 15001 附属書 A の重要ポイントを説明しています．
　・附属書 A で規定する個人情報保護に関する管理策：◇から始まる箇条書き
　・管理策の説明で用いる(a)，(b) などの表記は、項目の明確化のための本書独自
　　の表記であり、JIS Q 15001 附属書 A の記述で用いられている a)，b) などの
　　表記に対応するものではないことにご注意ください．

各段階に適用される附属書 A の要求事項（管理策）を確認しましょう.
次ページからは，それぞれの段階に沿って見ていきましょう.

| 段　階 | 要求事項（管理策） | 附属書 A[*1] |
|---|---|---|
| **取得** | 取得する際の制限に関連する管理策 | A.1，A.2，A.3，A.4，A.5 |
| | 取得した，または取得する場合に関連する管理策 | A.6，A.7 |
| **適正管理** | 正確性の確保，安全管理措置に関連する管理策 | A.9，A.10 |
| | 従業者・委託先の監督に関連する管理策 | A.11，A.12 |
| | 保有個人データに関する情報の公表に関連する管理策 | A.19 |
| | 漏えい等の報告に関連する管理策 | A.13 |
| **利用・提供等** | 利用する場合に関連する管理策 | A.8 |
| | 第三者への提供に関連する管理策 | A.14，A.15，A.16，A.17，A,18 |
| | 仮名加工情報，匿名加工情報に関連する管理策 | A.27，A,28 |
| **開示等** | 開示等に関連する管理策 | A.20，A.21，A.22，A.23 |
| | 開示等の手続きに関連する管理策 | A.24，A.25 |
| | 苦情などへの対応に関連する管理策 | A.26 |

［＊1］　分類をわかりやすくするため，一部管理策の順番が前後しています.

 あらかじめ利用目的を特定し，利用目的等を明示し，本人の同意を得た上で，適正に個人情報を取得します．

## A.1　利用目的の特定

◇ 個人情報を取り扱うに当たって，その利用目的をできる限り特定します．

◇ 個人情報は，その目的の達成の範囲内において取り扱います．

◇ 利用目的は，本人がその影響を十分に理解できるよう具体的に特定し，記述します．

## A.2　利用目的による制限

◇ 法令に基づき，個人情報の取扱いについて，利用目的による制限を行います．

◇ 特定した利用目的の達成に必要な範囲を超えて個人情報を利用する場合には，法令で認められている場合を除き，あらかじめ，(a)自社の情報，(b)個人情報の利用目的，(c)第三者提供に関すること，(d)委託に関すること，(e)開示等の請求等に関する情報を本人に通知し，同意を得る必要があります．

## A.3　不適正な利用の禁止

◇ 個人情報を利用するときには，法令に基づき，不適正な利用を禁止します．

## A.4　適正な取得

◇ 個人情報を取得するときには，法令に基づき，適正に取得します．


## A.5　要配慮個人情報などの取得

◇ 法令で認められている場合を除き，あらかじめ本人の書面による同意を得ることなく，要配慮個人情報を取得することはできません．

◇ 要配慮個人情報の取得に関する同意を得るときは，(a)要配慮個人情報の取得，(b)利用・提供，(c)要配慮個人情報のデータの提供に関して，あらかじめ書面によって明示します．

◇ 個人情報に，性生活，性的指向または労働組合に関する情報が含まれる場合には，要配慮個人情報と同様に取り扱います．


## A.6　個人情報を取得した場合の措置

◇ あらかじめその利用目的を公表している場合を除き，個人情報を取得した場合は，速やかにその利用目的を本人に通知するか，または公表します．

◇ 法令の定めがある場合には，通知，公表は必要ありません．


## A.7　A.6 のうち本人から直接書面によって取得する場合の措置

◇ 本人から書面に記載された個人情報を取得する場合は，(a)個人情報を取得する組織に関する情報，(b)個人情報の利用・提供等に関する情報を書面によって明示し，書面により本人の同意を取得します．

　　☞ 参考：次ページ "利用目的等の通知（例）"

◇ 人の生命，身体や財産などの保護のために緊急に必要がある場合，法令で認められている場合など，本人の同意を要求されない場合もあります．

**［補足説明］** ここでいう書面とは，紙面に限定されず，コンピュータ，スマートフォン等で処理される情報（例：ウェブ画面等）も含まれます.

**利用目的等の通知（例）**

| 組織の名称 | (株)みるみる通販 |
|---|---|
| 個人情報保護管理者 | 管理本部長（privacy@xxxxx.xxx） |
| 利用目的 | ●お客様がご購入した商品のお支払い手続きや，商品のお届けのため<br>●弊社取扱い製品・サービスのご案内のため |
| 第三者への提供<br>（目的・提供先） | 弊社で商品をお買上げのお客様への特典として，お得な旅行情報をご提供させていただくため，弊社グループ会社である旅行代理店"みるみるツアー(株)"にお客様の個人情報を提供いたします. |
| （提供される項目） | 氏名，連絡先（住所，電話番号，メールアドレス） |
| （提供する手段<br>または方法） | 提供する個人データは，暗号化した上で，インターネット経由で送信されます. |
| （個人情報の取扱い<br>に関する契約） | 弊社とみるみるツアー(株)の間では，あらかじめ合意した利用目的の範囲内で個人情報を利用することおよび弊社と同等の安全管理を実施することを明示した契約を取り交わしています. |
| 委託に関する事項 | お客様からご注文いただいた商品の発送業務のため，お届け先等の個人情報の取扱いを弊社関連会社に委託しています. |
| 保有個人データの開示等の手続き | 保有個人データの開示等の手続きは弊社ホームページ上で公開しています．詳しくはこちらへ. |
| 個人情報の提供の任意性 | 個人情報の提供はお客様の任意ですが，商品のお届け先等に不備がある場合，商品をお届けできないなどの不利益が生じる可能性があります. |
| 本人が知覚できない方法による個人情報の取得 | 弊社では，お客様が明確に認識できない方法により個人情報を取得することは一切ありません. |

利用目的の達成に必要な範囲で個人情報の正確性を維持し，適切な安全管理措置，および，従業者・委託先の監督を行います．
この分野は，主に個人データに適用される管理となりますが，個人情報保護リスクアセスメントの結果を考慮して，適切な場合には，個人情報についても個人データと同様の管理を行います．

## A.9　データ内容の正確性の確保等

◇ 関連する法令を遵守した上で，個人データを正確な状態で管理します．

## A.10　安全管理措置

◇ 附属書D（安全管理措置に関する管理目的及び管理策）を参照して，漏えい，滅失（めっしつ），毀損（きそん）の防止など，法令に基づき個人データの安全管理のために必要な措置を実施します．

**[補足説明]**　個人情報保護委員会の個人情報の保護に関するガイドライン（通則編）では，次の七つの分野の安全管理措置を求めています．

① 基本方針の策定

② 個人データの取扱いに係る規律の整備

③ 組織的安全管理措置

④ 人的安全管理措置

⑤ 物理的安全管理措置

⑥ 技術的安全管理措置

⑦ 外的環境の把握

実施に当たっては JIS Q 15001 の附属書 C および D はもちろん,上記のガイドラインも参照しておくとよいでしょう. 必要な安全管理措置には,次のようなケースも含まれます.

▷ 倉庫を用いた保管サービスやデータセンター,クラウドサービスを利用する場合は,サービスを利用する側(委託者自身)が適切な安全管理措置を実施する.

▷ 電子情報(個人データ)として個人情報を保管する場合には,サーバーの物理的な保管場所(所在国)の法律なども把握し,適切な処置を取る.

☞ 参考:第5章,第6章

## A.11 従業者の監督

◇ 業務を行う者に適切に個人データを取り扱わせるため,法令に基づき従業者の監督を行います.

## A.12 委託先の監督

◇ 個人データの取扱いを外部に委託する場合,法令に基づき,委託先の監督を行います.

◇ 委託先と特定した利用目的の範囲内で委託契約を結びます.

◇ 十分な個人データの管理水準を満たす委託先を選定します. 委託先の選定基準は少なくとも,自社と同等以上の個人データ保護の水準を求めるものでなければなりません.

◇ 個人データの安全管理が実行されるよう,委託先に対する適切な監督を行います.

◇ 個人データの十分な保護水準を担保するために必要な事項を契約に含め,契約書等の書面は,個人データの保有期間にわたり保管します.

☞ 参考:第5章 D.15 供給者関係

● ワークブック

[1] 委託先との契約には，次のような内容が含まれていますか？

| No. | 委託先との契約に含める必要のある事項 | Yes | No |
|---|---|---|---|
| 1 | 業務を委託する側および業務を受ける側の責任 | ☐ | ☐ |
| 2 | 個人データの安全管理に関する事項 | ☐ | ☐ |
| 3 | 再委託に関する事項（例：再委託の禁止，再委託する場合には，再委託先に同じ程度の安全管理措置を求めること） | ☐ | ☐ |
| 4 | 個人データの取扱い状況に関する委託者への報告の内容・頻度 | ☐ | ☐ |
| 5 | 契約内容が遵守されていることを，委託者が，定期的におよび適宜に確認できる事項 | ☐ | ☐ |
| 6 | 契約内容が遵守されなかった場合の措置 | ☐ | ☐ |
| 7 | 事件・事故が発生した場合の報告・連絡に関する事項 | ☐ | ☐ |
| 8 | 契約終了後の措置（例：委託業務のために提供した個人データの完全な削除など） | ☐ | ☐ |

## A.19　保有個人データに関する事項の公表等

◇ 保有個人データについて，法令に基づき，保有個人データに関する事項（ワークブック参照）の公表を行います．

◇ 公表または本人の求めに応じて回答する場合には，法令に定める項目に加えて，個人情報保護管理者（またはその代理人）の氏名または職名，所属および連絡先を含める必要があります．

◇ 本人から，本人を特定する保有個人データについて利用目的の通知を求められた場合には，法令に基づき，遅滞なくこれに対応します．

● **ワークブック**

[1] 保有個人データに関連して次の事項を公表していますか？

| No. | 保有個人データに関連して公表すべき事項 | 確認済 |
|---|---|---|
| 1 | 個人情報取扱事業者の名称，住所，および法人の場合には代表者の氏名 | ☐ |
| 2 | 全ての保有個人データの利用目的 | ☐ |
| 3 | 開示等の請求等に応じる手続き（該当する場合には手数料も含む） | ☐ |
| 4 | 保有個人データの安全管理のために実施した処置 | ☐ |
| 5 | 保有個人データの取扱いに関する苦情の申出先 | ☐ |
| 6 | 該当する場合には，認定個人情報保護団体 | ☐ |

### A.13 漏えい等の報告等

◇ 個人データの取扱いに関して，漏えい，滅失，毀損その他の個人データの安全確保に関連して，個人の権利利益を害するおそれが生じた場合，法令に基づき，漏えい等の報告を行います．

あらかじめ同意を得た範囲内で個人情報を利用または提供し，第三者への個人データの提供に関する記録を作成します．個人情報保護リスクアセスメントの結果を考慮して，適切な場合には，個人情報についても個人データと同様の管理を行います．

### A.8 本人に連絡又は接触する場合の措置

◇ 既に個人情報の利用目的を明示または通知し，本人の同意を得ている場合などを除き，個人情報を利用して本人に連絡または接触する場合

には，本人に対して利用目的等を通知し，本人の同意を取得します.

◇ 個人情報の取扱いを委託された場合，事業の承継等の場合，共同利用の場合，取得の状況からみて利用目的が明らかである場合，人の生命，身体または財産などを保護する場合，公衆衛生，児童の健全な育成の推進のため，国の機関または地方公共団体またはその委託を受けたものが法令に基づく事務を遂行する場合など，例外とされるケースもあります.

## A.14　第三者提供の制限

◇ 個人データを第三者に提供する場合には，法令に基づき，第三者提供の制限に関する措置を行います.

◇ 既に同意を得ているとき，特定の者と適法かつ公正な手段によって共同利用する場合などを除き，第三者への個人データの提供を行う場合には，あらかじめ，本人に対して個人情報の利用目的等を通知し，個人データの第三者への提供について本人の同意を取得します.

## A.15　外国にある第三者への提供の制限

◇ 法令に基づき，外国にある第三者への個人データの提供の制限にかかわる措置を実施します.

◇ 外国にある第三者に個人データを提供する場合，その外国にある第三者への提供によって，本人がどのような影響を受けるか予測できるように配慮して，本人にその第三者に関する情報を伝えます.

## A.16　第三者提供に係る記録の作成等

◇ 個人データを第三者に提供したときは，法令に基づいて記録を作成し，保管します.

## A.17　第三者提供を受ける際の確認等

◇ 第三者から個人データの提供を受ける場合には，法令に基づいて，第三者提供を受ける際の確認等を行い，その確認の記録を作成し，保管します．

◇ 個人データの提供を受ける際は，（本人から取得する際に）特定された利用目的を確認し，その範囲内で提供を受ける個人データの利用目的を特定し，提供された個人データを使用するよう配慮します．

## A.18　個人関連情報の第三者提供の制限等

◇ 個人関連情報を第三者へ提供した後に，第三者がそれらの情報を個人データとして取り扱うことが想定される場合には，あらかじめ第三者への提供について本人の同意を得るなど，法令に基づき個人関連情報の第三者提供の制限等に関する措置を行います．

◇ 第三者から個人関連情報の提供を受け，個人データとして利用する場合，または，個人関連情報の提供先の代わりに，本人から同意を得る場合，あらかじめ本人に対して，(a)組織（自社）の情報や，(b)個人関連情報を個人データとして取得した後の利用目的，(c)個人関連情報の項目，(d)取得方法，(e)提供する手段または方法，(f)個人関連情報の提供を受けて個人データとして取得する者の情報や，(g)個人情報の取扱いに関する契約の有無を本人に通知または明示し，本人の同意を取得します．

## A.27　仮名加工情報

◇ 仮名加工情報の取扱いを行うか否かの方針を決定します．

◇ 仮名加工情報を取り扱う場合には，本人の権利利益に配慮し，法令の定めに基づいて適切な取扱いを行う手順を決めて，運用します．

## A.28　匿名加工情報

◇ 匿名加工情報の取扱いを行うか否かの方針を決定します.

◇ 匿名加工情報を取り扱う場合には, 本人の権利利益に配慮し, 法令の定めに基づいて適切な取扱いを行う手順を決めて, 運用します.

◇ 匿名加工情報を作成した場合には, 加工方法等情報を削除し, 匿名化された個人を二度と識別できないようにすることが推奨されています.

本人からの請求に基づき, 個人情報の開示, 訂正, 利用の停止等の処置を行います. 個人情報保護リスクアセスメントの結果を考慮して, 適切な場合には, 個人情報についても個人データと同様の管理を行います.

## A.20　開　示

◇ 本人から, 本人の保有個人データの開示の請求を受けたときには, 法令に基づき, 当該保有個人データを開示します. これには, 開示請求を行った本人の保有個人データが存在しないこと, または本人の請求方法による開示が困難であることを知らせることも含まれます.

## A.21　訂正等

◇ 本人から, その本人の保有個人データについて, その内容が事実と異なるという理由で, その保有個人データの訂正, 追加または削除 (以下, "訂正等" という) の請求を受けた場合には, 法令に基づき, 訂正等を行います.

## A.22 利用停止等

◇ 法令に基づき，保有個人データの利用停止，消去または第三者提供の停止（以下，"利用停止等"という）を行います．

◇ 本人から本人を特定する保有個人データの利用停止等の請求を受けた場合には，法令の定める要件を満たしていない場合でも，請求の理由にかかわらず，利用停止等の請求に応じます．

◇ 正当な理由により，利用の停止等を行うことができない場合には，その理由などを遅滞なく本人に通知します（例：利用停止等に多額の費用を要する場合，生命，身体，財産その他の権利利益を害するおそれがある場合，自社の業務の適正な実施に著しい支障を及ぼすおそれがある場合，法令に違反する場合など）．

## A.23 理由の説明

◇ 本人から要求された措置の全部または一部について，その措置をとらない場合や異なる措置をとる場合にはその理由を本人に説明します．

- 利用目的を通知しない決定を行った場合（A.19）
- 保有個人データの全部または一部を開示しない，保有個人データが存在しない，または本人が請求した方法が困難である場合（A.20 に関連）
- 個人データの第三者提供にかかる記録または個人データの第三者提供を受けた記録を開示しない場合（A.20 に関連）
- 保有個人データの全部または一部について訂正等を行わない場合（A.21 に関連）
- 保有個人データの全部または一部について利用停止等を行わない場合（A.22 に関連）

## A.24　開示等の請求等に応じる手続

◇ 法令に基づき，開示等の請求等に応じる手続きを定めます．

◇ 開示等の請求等に応じる手続きとして，（a）開示等の請求等の申し出
　先，（b）提出すべき書面の様式など開示等の請求等の方法，（c）開示
　等の請求等を行う者が，本人または代理人であることの確認方法，（d）
　手数料を定めた場合にはその徴収方法，を定めます．

◇ 開示等の請求手続きと費用は，本人に過重な負担を強いることのない
　ように考慮する必要があります．

## A.25　手数料

◇ A.19 から A.20 によって本人からの請求などに応じる場合に，法令
　に基づき，手数料を徴収するときには，実費を考慮して合理的と認め
　られる範囲内で金額を決定します．

## A.26　個人情報取扱事業者による苦情の処理

◇ 法令に基づき，苦情の処理を行います．

# 第5章

# JIS Q 15001附属書D 安全管理措置の重要ポイント

この章では，附属書 D 安全管理措置 の中で，特に**実務担当者**の多くの方々に関連する**重点ポイント(抜粋)**について理解を深めましょう．

Oh! 脳!?

人工知能AIAI-CHAN

D.5　個人情報に係る情報セキュリティのための方針群

D.6　個人情報に係る情報セキュリティのための組織

D.7　人的資源のセキュリティ

D.8　資産の管理　　D.9　アクセス制御

D.10　暗　号　　D.11　物理的及び環境的セキュリティ

D.12　運用のセキュリティ　　D.13　通信のセキュリティ

D.14　個人情報システムの取得，開発及び保守

D.15　供給者関係

D.16　個人情報に係る情報セキュリティインシデント管理

D.17　事業継続マネジメントにおける個人情報に係る情報セキュリティの側面

D.18　遵　守

注記：附属書 D の各内容は，要求事項（対応が必須）ではなく，個人情報保護を行うためのヒント【推奨事項】になります．自社・組織で必要な事項を選択・アレンジしてご活用ください．

☞ 参考：第 1 章　1.5　JIS Q 15001 とは

## D.5 個人情報に係る情報セキュリティのための方針群【推奨事項】

### D.5.1 個人情報に係る情報セキュリティのための経営陣の方向性

① 経営陣は，事業上の要求事項，関連法令や規制を考慮した個人情報セキュリティの方向性（ポリシー群）[1] を明確にし，従業者や外部の関係者に伝達します．

② その方向性（ポリシー群）を，自社が定める間隔で，または重大な変化[2] が発生した際に，レビューします．

[1] 個人情報セキュリティの方向性（ポリシー群）

個人情報セキュリティを推進する上での方向性，考え方，基準等のこと．例えば，個人情報保護方針，アクセス制御方針等

[2] 重大な変化

例えば ICT 技術の進化，社内・社外での個人情報漏えい事故の発生等

☞ 参考：第3章 5.1 リーダーシップ及びコミットメント，5.2 方針，7.5 文書化した情報

## D.6 個人情報に係る情報セキュリティのための組織【推奨事項】

### D.6.1 内部組織

① 個人情報セキュリティの推進体制（役割，責任）を整えます．

② 職務や責任範囲が個人情報セキュリティの視点から相反する場合は，危険の度合いを下げるためにその職務を分離します．

③ 個人情報セキュリティにかかわる関係当局（例：JIPDEC 等）や専門組織（例：学会，研究会）との連絡体制を整えます．

④ プロジェクトマネジメントを推進する際は，個人情報セキュリティへの取組みを含めます．

☞ 参考：第3章 5.3 役割，責任及び権限

## D.6.2 モバイル機器及びテレワーキング

① モバイル機器（例：スマートフォン，タブレット端末，持出し用PC）を使用する際や，在宅勤務等（テレワーキング）[1] で個人情報を取り扱う際は，リスクに応じたセキュリティ対策を運用します．

   [1] 在宅勤務等（テレワーキング）の例

   モバイル機器を用いて，社外（例：自宅）からインターネット等を通じて勤務先のネットワークにアクセスし，業務を実施します．

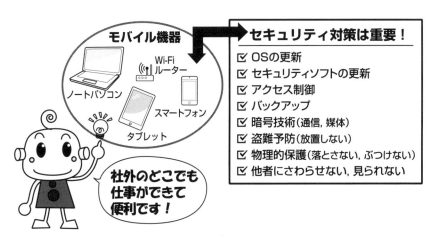

**モバイル機器特有のリスクに応じた対策を**

## D.7　人的資源のセキュリティ【推奨事項】

### D.7.1　雇用前

①　従業員選考活動では，応募者の経歴等の個人情報を，関連する法令，規制や倫理に基づいて，リスクに応じて確認します．

②　従業員や契約相手との雇用契約書等（例：誓約書）※1 には，個人情報セキュリティを推進するための各自の責任や組織の責任を表します．

※1 雇用契約書等

個人情報セキュリティ面では，関連法令等の遵守（コンプライアンス）や，従業者または組織が個人情報セキュリティに向けて何を行うか，何を行ってはいけないかを定めます．

# 個人情報セキュリティは個人の責任感が基盤です

## D.7.2　雇用期間中

① 全ての従業者や関連する契約相手に，PMS の教育や更新教育を行い，一人ひとりが関連する方針や手順をしっかり理解し，個人情報セキュリティの意識が向上するように働きかけます.

☞ 参考：第3章　7.2力量，7.3認識

② 従業者が個人情報セキュリティに違反した場合の懲戒手続きを（例えば就業規則等に）表します.

## D.7.3　雇用の終了及び変更

① 雇用終了後や雇用の変更後（例：定年後の再雇用）も有効な，個人情報セキュリティにおける個人の責任・義務を（例：誓約書等に）明確にし，伝達し，遂行してもらいます.

☞ 参考：第5章　D.8.1資産に対する責任，D.9.2利用者アクセスの管理，D.13.2③秘密保持契約や守秘義務契約

## D.8　資産の管理【推奨事項】

## D.8.1　資産に対する責任

① 組織の個人情報にかかわる資産を明確にし，誰が責任をもって保護するかを明確にします.

② 個人情報や関連する資産（例：サーバー，PC）を資産目録（例：個人情報台帳，PC管理台帳）に整理し，管理します.

③ 従業者の雇用終了時や外部の個人情報利用者の契約終了時に，保有する個人情報に関連する資産の全て（複製物を含む）を返却してもらいます.

☞ 参考：第5章　D.7.3雇用の終了及び変更，D.9.2利用者アクセスの管理，D.13.2③秘密保持契約や守秘義務契約

## ■ 個人情報や関連するその他の資産

★以下のような個人情報や，個人情報に関連する資産について，特定された個人情報保護リスクを管理します．

| 分類 | 主な資産（例） |
|---|---|
| 情報 | 個人情報<br>・顧客（個人，法人），取引先，株主，社内の従業者等の個人情報（p.8〜11，p.14 参照）<br>・顧客へ納品するコンテンツやデータ（個人情報を含む場合）<br>個人情報にかかわる情報セキュリティ文書・記録類<br>・業務基準（マニュアル，規定，基準，手順書，様式等）<br>・運用記録，データ |
| **下記は個人情報に関連する場合のみ該当します** | |
| 物理的資産 | ・ICT 機器 [サーバー，PC，モバイル端末（スマホ，タブレット，スマートウォッチ，ウェアラブル端末），可搬媒体（USB メモリ，DVD，SSD 等），通信装置，セキュリティ装置，ネットワーク装置，非常用電源装置，等]<br>・施設，鍵，金庫，キャビネット，監視カメラ，サーバールーム内空調設備，消火装置<br>・顧客へ納品する製品（納品形式が物理的なモノの場合，その一部の記憶媒体，紙媒体） |
| ソフトウェア<br>ICT サービス | ・OS，アプリケーション，セキュリティソフト（※有償／無償にかかわらず）<br>・ICT サービス（通信，プロバイダ，情報処理サービス，クラウドサービス，アプリケーションサービス，AI サービス）<br>・顧客へ納品する ICT サービス [納品形式が ICT サービス（ソフトウェアを含む）の場合] |
| その他サービス | ・電力の供給，輸送サービス，警備サービス，清掃サービス<br>・他のサービス（人事，労務，保険，福利厚生，各種審査・監査，コンサルティング，教育） |

## D.8.2　個人情報に係る情報分類

① 自社の個人情報分類体系に基づき個人情報を分類し[1]，取扱い手順を決めて，運用します.

　☞ 参考：第3章　6.2.2個人情報保護リスクアセスメント

[1] 個人情報の分類の例

　　個人情報保護法や個人情報の取扱いにおける慎重さの度合いを考慮して，個人情報を分類（ラベル付け）します.
　　次表を参照.

| 分類（ラベル） | 個人情報の分類の例 |
|---|---|
| 基本的な個人情報 | 主に連絡目的等で利用する個人情報. 例：名刺に記載の氏名，組織名，勤務先の連絡先（住所，電子メールアドレス等） |
| 取扱いに注意を要する個人情報 | より機密性の高い個人情報. 例：本人の個人的な情報で，本人の自宅情報（住所等），生年月日，銀行口座，要配慮個人情報（病歴等），位置情報 |
| より取扱いに注意を要する個人情報 | 個人識別符号（その符号があれば個人を特定できる情報）. 例：顔や指紋の情報，運転免許証番号等<br>☞ 参考：第1章　1.1 ②個人識別符号とは |

## D.8.3　媒体の取扱い

① 組織の個人情報分類体系に基づき，持ち運びできる記憶媒体（可搬媒体）（例：USBメモリ，DVD，SSD，HDD）を利用，輸送，廃棄等を行う際のセキュリティを考慮した管理手順を決めて，運用します.

文書・記録
（電子／紙媒体）

廃棄媒体は
宝の山 ♪

廃棄物

個人情報
入っていませんか？

☑ 粉砕・溶解
☑ 焼却
☑ 専用ソフトを使った
　確実なデータ消去

## 媒体を廃棄する際は
## セキュリティを考慮しましょう

---

### D.9　アクセス制御【推奨事項】

### D.9.1　アクセス制御に対する業務上の要求事項

① 　個人情報や関連する施設・設備等（例：サーバー，PC，キャビネット，ネットワーク，情報システム等）へのアクセスを制限します．

② 　業務や個人情報セキュリティ要求事項（例：個人情報保護法，ガイドライン等，JIS Q 15001）に基づくアクセス制御方針[※1] を決めて，文書化し，運用します．

　※1 アクセス制御方針

　　　どのような人が，どの個人情報や関連する施設・設備等にアクセスしてよいかを明確化した方針

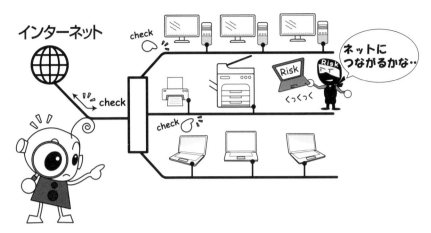

# 個人情報や関連資産へのアクセスを制限します

### D.9.2　利用者アクセスの管理

① 利用者のアクセス権管理（例：情報システム利用者の ID や利用可能なサービスの登録，変更，削除）を実施し，また定期的にレビューします．

② 特権的アクセス権（例：管理者として特定のサーバー，情報システムやデータにアクセスできる権限）を誰に割り当てるか，どこまで利用可能かを制限し，管理します．

③ 利用者の秘密認証情報（例：パスワード，指紋，顔等の認証情報）の割当ては，方法を決めて，管理します．

④ 全ての従業者の雇用終了時や外部の個人情報利用者との契約終了時に，個人情報や関連する施設・設備等へのアクセス権を削除または変更にあわせて修正します．

　　☞ 参考：第5章　D.7.3 雇用の終了及び変更，D.8.1 資産に対する責任，D.13.2 ③ 秘密保持契約や守秘義務契約

### D.9.3　利用者の責任

① 秘密認証情報（例：パスワード）を秘密[1] として取り扱うことを，利用者に要求します．

※1 秘密の例（パスワードの場合）

他者（上司，同僚等）にパスワードを教えず秘密にする．他者が推測しやすい簡単なパスワードを用いない．パスワードの使い回しはしない．

### D.9.4　システム及びアプリケーションのアクセス制御

① 個人情報アクセス制御方針に基づいて，個人情報や個人情報を取り扱う情報システム，アプリケーションへのアクセスを制御します．

## D.10　暗　号【推奨事項】

### D.10.1　暗号による管理策

① 個人情報保護に用いる暗号の利用方針（例：どのような場合に，どのような暗号を用いるか）を決めて運用します[1,2]．

② 暗号鍵の管理方針（例：暗号鍵の利用，保護，有効期間）を明確にし，ライフサイクル全体（例：暗号鍵の生成〜利用〜無効化まで）において運用します．

※1 暗号化による利点

通信やデータの暗号化を行い，不正なアクセスによる意図しない閲覧，改ざん，利用のリスクを下げます．

※2 暗号の使用事例

○ ウェブサイトへの接続を暗号化する．

○ メールに個人情報を記載した文書ファイルを添付して送信する際，その添付ファイルを暗号化する．

## 暗号技術を効果的に使いましょう

---

### D.11 物理的及び環境的セキュリティ【推奨事項】

### D.11.1 セキュリティを保つべき領域

① 個人情報や個人情報を取り扱う建物，部屋，装置等に，許可された人だけがアクセスできるようにします．

② 保護方法の事例

★ 領域（エリア）を保護するために，境界を決めて運用する（例：サーバールーム，記録保管庫の施錠等）．

★ 入退管理策の運用（例：建物，部屋やキャビネットの施錠，警報装置や監視カメラの設置・運用）

★ 自然災害（例：地震，風水害・津波，落雷，火災）や悪意のある攻撃，事故（例：不適切な侵入，意図しない解錠）からの保護

★ セキュリティを保つ領域（例：サーバールーム，記録保管庫，執務室）の管理手順を決めて運用する（例：室内撮影禁止，個人情報を保存する記憶媒体のエリア外持出し禁止，エリアへの私用の記録装置・媒体の持込み不可）．

**不審者おことわり**

**STOP 不審者，しっかり防災**

## D.11.2　装　置

① 　個人情報を取り扱う装置を設置する際は，次のリスクを考慮し，装置を保護します.

 ☆環境上の脅威（例：盗難，落下，倒壊による損傷）

 ☆災害（例：地震，風水害・津波，落雷，火災）

 ☆許可のないアクセス（例：個人情報の閲覧や操作等）

② 　装置等の保護の事例

 ☆個人情報セキュリティを維持するために，装置を正しく保守する（例：監視，点検，清掃）.

 ☆情報，ハードウェア，ソフトウェアについて，事前許可のないエリア外への持出しを不可にする.

 ☆記憶媒体を内蔵する全ての装置を処分または再利用する際は，機密データやソフトウェアを抹消し，ソフトウェアのライセンスを無効化し，セキュリティ上問題がないかを検証する.

③ 　クリアデスク[※1]，クリアスクリーン[※2] の管理手順を決めて運用します.

※1　クリアデスクの例：退社時は, 机上に情報や文書等を放置しない.

※2　クリアスクリーンの例：PC 画面の情報を閲覧, 利用できる状態で離席しない.

---

### D.12　運用のセキュリティ【推奨事項】

### D.12.1　運用の手順及び責任

①　個人情報を取り扱う設備や情報システム等の操作手順を文書化し, 運用し, また変更を管理します.

②　情報システム, サービス等の開発環境, 試験環境, 運用環境を分離し, 運用環境への許可のないアクセスや変更のリスクを低減します.

### D.12.2　マルウェアからの保護

①　マルウェア（例：コンピュータウイルス等）のリスクを認識し, 管理手順（例：ウイルス等の検出, 予防, 感染後の回復）を決めて, 運用します.

セキュリティソフトの更新は必須です

### D.12.3　バックアップ

① 　個人情報や個人情報を取り扱うソフトウェア，システムイメージ等のバックアップ作業を定期的に実施し，異常がないかどうかを検査します.

### D.12.4　ログ取得及び監視

① 　個人情報にかかわるイベントログ（例：システム障害等の発生事象の記録，ログイン，ログアウトの記録）を取得し，保持し，定期的にレビューします.

② 　ログ機能（例：ログを残すためのソフトウェア）やログ情報を，改ざんや許可のないアクセスから保護します.

③ 　システムの実務管理者や運用担当者の作業ログ（記録）を残し，保護し，定期的にレビューします.

④ 　個人情報を取り扱う情報システム内の時計を，標準時と同期させます.

### D.12.5　運用ソフトウェアの管理

① 　個人情報を取り扱う情報システムを構成するソフトウェアの導入を管理する手順を運用します（例：ソフトウェアの導入前に，機能面やセキュリティ面等で問題がないかを十分に検証する）.

### D.12.6　技術的ぜい弱性管理

① 　技術的ぜい弱性（例：OS を含むソフトウェアや ICT サービスのセキュリティ上の弱点）の最新情報をタイムリーに収集し，評価し，対策をとります（例：セキュリティ対策を行うための更新ソフトの取得・インストール）.

② 　利用者がソフトウェアや ICT サービスをインストールする際の管

理規則を決めて，運用します（例：有償またはフリーのソフトウェア
やICTサービスを新規導入する場合，情報システム部門に事前相談
し，セキュリティ面でも許可を得た場合のみインストール可や利用可
とする）．

### D.12.7　個人情報システムの監査に対する考慮事項

①　個人情報を取り扱う情報システム等の監査を計画し，関係者に説明
し，合意をとります（情報システム，サービスを止めることによる業
務の中断をできる限り小さくするため．また，情報システムへの攻撃
等と誤認識されないため）．

## D.13　通信のセキュリティ【推奨事項】

### D.13.1　ネットワークセキュリティ管理

①　個人情報を取り扱う情報システム，アプリケーション内の個人情報
を保護するために，ネットワークを管理し，制御します．

②　ネットワーク管理の事例
　　★ネットワークサービス合意書の明確化
　　　自社・組織が運営する，または外部委託する全てのネットワーク
　　　サービスに関して，セキュリティ機能，サービスレベル，管理上
　　　の要求事項を明確化します．
　　★ネットワーク上で，ICTサービス，利用者，個人情報システムを
　　　グループごとに分離します．

### D.13.2　個人情報の転送

①　個人情報の送受信（例：電子メール，ICTサービス，SNS，FAX，
留守番電話，ボイスメール等）を保護するための方針，手順，管理策

を準備し，運用します．

② 電子的メッセージ通信（例：電子メールや SNS）に含まれる個人情報を保護します※1．

③ 個人情報の転送にかかわる秘密保持契約や守秘義務契約（個人情報保護を含む）を明確化し，レビューします．

　　☞ 参考：第 5 章　D.7.3 雇用の終了及び変更，D.8.1 資産に対する責任，D.9.2 利用者アクセスの管理

※1 電子的メッセージ通信の保護の事例

　　ICT サービス（例：SNS，オンラインストレージ，アプリ）を用いて個人情報を送受信する場合は，利用する ICT サービスをセキュリティの視点からあらかじめ評価・選定し，必要な社内の事前承認を得ます．

**電子メールは脅威がいっぱい**

## D.14　個人情報システムの取得，開発及び保守【推奨事項】

### D.14.1　個人情報システムのセキュリティ要求事項

① 　個人情報のライフサイクル全体にわたり，個人情報を取り扱う情報システムを取得，開発，保守する際は，セキュリティ要求事項をシステム要件（要求事項）に含めます.

② 　インターネットを通じて利用する ICT サービス（アプリを含む）には脅威があるため（例：契約トラブル，通信の問題，許可していない情報の開示や変更，複製，その他不正），個人情報を保護します.

　☞ 参考：第 1 章　1.2 ⑤個人情報のライフサイクル，⑧ ICT

### D.14.2　開発及びサポートプロセスにおけるセキュリティ

① 　個人情報を取り扱う情報システム，ソフトウェアを開発する際は，個人情報セキュリティを設計し，運用します.

### D.14.3　試験データ

① 　情報システムに個人情報を試験データとして用いる際は，慎重に選び，保護し，管理します.

## D.15　供給者関係【推奨事項】

### ■ 供給者（サプライヤ）の事例

&#42;自社の個人情報を取り扱う外部の組織・個人が，D.15の供給者（サプライヤ）に当たります.

&#42;供給者（サプライヤ）の事例

| 例 | 供給者の例 |
|---|---|
| ICTサービスの提供組織 | システム開発・保守・運用・サービス，クラウドサービス，AI（人工知能）を用いたサービス，通信，プロバイダ，ハードウェア・ソフトウェア会社等のICTサービス提供組織 |
| 業務委託先 | <u>個人情報の取扱いが発生する組織・個人で</u>，業務委託，サービス委託，営業委託，広告代理店，印刷，労務，人事，採用，教育，不動産，警備，清掃，物流等の提供組織 |

### D.15.1　供給者関係における個人情報に係る情報セキュリティ

①　供給者（サプライヤ）がアクセスできる自社の個人情報や，それに関連する情報資産の保護を確実にします.

②　供給者（サプライヤ）に留意してもらう個人情報セキュリティ要求事項を明確化し，合意し，文書化します［例：機密保持契約書（個人情報を含む）の締結等］.

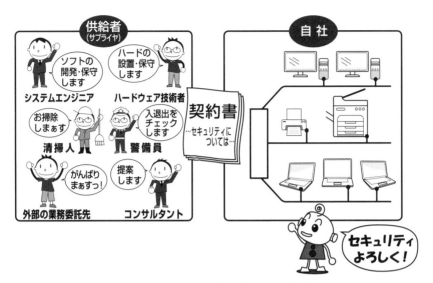

# セキュリティの合意は大切です

## D.15.2　供給者のサービス提供の管理

① 供給者（サプライヤ）には，合意した個人情報セキュリティ要求事項のレベルを維持してもらうための管理を行います．その際は，次を考慮します．

　★供給者（サプライヤ）のサービス提供を定常的に監視（モニタリング），レビュー，監査します．

　★供給者（サプライヤ）がサービス提供の内容等を変更する際（例：新技術の利用，再委託先の変更）や個人情報セキュリティのしくみを変更する際は，その変更を管理します．

## D.16 　個人情報に係る情報セキュリティインシデント管理【推奨事項】

### ■ セキュリティインシデントの事例

★ セキュリティの事象，弱点，インシデントの事例を確認します．

|  | 対象の例 | 事例1 | 事例2 |
|---|---|---|---|
| セキュリティ事象 | 個人情報セキュリティの脅威となる<u>可能性のある</u>事象の全て | 定期的なパスワードの変更作業が発生する． | 脅威に備えてセキュリティソフトの更新版が提供される． |
| セキュリティ弱点 | 個人情報セキュリティの脅威となる<u>事象の全て</u>ぜい弱性 | PCにパスワードが書かれた紙が貼られている． | PCのセキュリティソフトが更新されていない． |
| セキュリティインシデント | 個人情報セキュリティが不十分な状態（実際に被害が発生する場合／しない場合の両者を含む） | 他者が自分のPCにログインし，不正に個人情報へアクセスする． | PCが新しいマルウェアを検出できず，感染する． |

### D.16.1　個人情報に係る情報セキュリティインシデントの管理及び その改善

① 個人情報セキュリティインシデント管理にかかわる責任者や手順を明確化し，運用します．その際は，次を考慮します．

* ＊セキュリティ事象の迅速な報告
* ＊セキュリティ弱点の記録，報告
* ＊セキュリティ事象の評価，インシデントに含めるかどうかの決定
* ＊文書化した手順に基づくセキュリティインシデントへの対応
* ＊セキュリティインシデントの分析・解決から得た知識を，将来のインシデント発生リスク（影響度×発生可能性）を低減するために使用
* ＊個人情報保護にかかわる事件・事故の証拠（evidence）となり得る情報を特定し，取得し，保存

あやしい場合，すぐに報告を！

## D.17　事業継続マネジメントにおける個人情報に係る情報セキュリティの側面【推奨事項】

### D.17.1　個人情報に係る情報セキュリティ継続

① 　困難な状況（危機や災害）が発生した場合でも，自社・組織のBCMS（事業継続マネジメントシステム）の大枠（おおわく）の中で，個人情報セキュリティを継続的に推進するための手順を文書化し，運用します．

② 　実際に困難な状況が発生した場合，または想定した場合は，個人情報セキュリティを継続するために事前に決めたしくみが妥当か，有効かどうかを，自社・組織が決めた頻度で検証（例：テストや練習）します．

### D.17.2　冗長性（じょうちょう）

① 個人情報を処理するハードウェア，ソフトウェア，ICT サービスを使いたいときに使えるように，リスクに応じて必要な予備※1 を準備しておきます．

　※1　予備の例
  ○ サーバー，PC，バッテリー等の予備，通信回線の予備等
  ○ 情報システム損傷時，データ損傷時の予備（バックアップ）
   ☞ 参考：第5章　D.12.3 バックアップ
  ○ 停止させてはいけない情報システムについては，もし主として使用するサーバーや情報システムがダウンした場合にも予備のサーバーや情報システムが自動的に起動・稼働するように準備する．

# 準備と練習で
# "いざっ" を乗り切りましょう！

## D.18　遵　守【推奨事項】

### D.18.1　法的及び契約上の要求事項の遵守

① 個人情報セキュリティに関連する遵守事項※1 への違反や，セキュリティ関連要求事項に対する違反を避けるための取組みを決めて，文書化し，運用します．また，最新の状態に保ちます．

※1 法令，規制等（☞ **参考：第1章　1.4 プライバシーマーク制度の主な基準** ），契約上の義務事項

② 知的財産権やライセンスを保有するソフトウェアを利用する際は，関連する遵守事項を満たすための手順を運用します．

③ 個人情報に関する記録は，関連する遵守事項に基づいて，消失，破壊，改ざん，許可のないアクセスや不正な流出から保護します．

④ 個人情報保護（プライバシーの保護）は，関連する遵守事項に基づき確実に保護します（関連：附属書 A　全般）．

⑤ 暗号化機能は，関連する遵守事項に基づき運用します．

# 遵守事項（法令，規制等や契約上の義務事項）の最新状況をしくみに反映させます

### D.18.2　個人情報に係る情報セキュリティのレビュー

①　個人情報セキュリティやその達成に向けた取組み（PMS 活動）は，組織が決めた間隔で，または重大な変化が発生した際は，独立した視点でレビューを実施します（例：内部監査，マネジメントレビュー）.

②　各管理者は，自分が管轄する範囲の情報処理や手順が，関連する個人情報セキュリティの達成に向けた取組み（PMS 活動）や個人情報セキュリティ要求事項を遵守しているかどうか，定期的にレビューします.

例：自部署の個人情報セキュリティ活動の監視（モニタリング）

③　個人情報を取り扱うシステムは，個人情報セキュリティ達成に向けた方針群や標準を遵守しているかどうかをレビューします.

■ 内部監査のイメージ

基準
・JIS Q 15001
・マネジメント
　システム文書
・法規制など
・利害関係者
　との取決め

現　場

基準＝現場（証拠）?
改善ポイントは ??

**方針達成に向けて
形ではなく中身重視の効果的な監査を！**

# 第6章

## 担当者の安全管理措置 事例とミニワークブック

この章では，個人情報を保護するために留意すべき**安全管理措置の中で，実務担当者の多くの方々に共通して関連する留意事項（事例）**について，イラストとミニワークブックで理解を深めましょう．

6.1 安全管理措置（情報セキュリティ対策）の概要
6.2 物理的安全管理措置の重要ポイント（事例）
　①建物や執務室　②クリアデスク　③クリアスクリーン
6.3 技術的安全管理措置の重要ポイント（事例）
　④PC（パソコン）の利用時　⑤ウェブサイトの利用時
　⑥電子メールの利用時　⑦スマートフォン・携帯電話の利用時
　⑧SNSの利用時　⑨FAXの利用時　⑩可搬媒体の利用時
　⑪媒体の廃棄時　⑫委託先の監督　⑬クラウドサービスの利用時
　⑭AI（人工知能）の利用時
6.4 担当者の安全管理措置（事例）ミニワークブック集計表

## 6.1　安全管理措置（情報セキュリティ対策）の概要

　個人情報保護にかかわるリスク（個人情報の紛失，漏えい，不正アクセス，破壊，改ざん，不正利用等）に対する安全管理措置は，次の四つに分類できます．

| | 分　類 | 概　要 |
|---|---|---|
| (a) | 組織的<br>安全管理措置 | ○個人情報保護の推進体制, 責任・権限を定めます.<br>○安全管理のルールを整備し，運用します. |
| (b) | 人的<br>安全管理措置 | ○組織は従業者から個人情報保護の誓約書等を受領します.<br>○個人情報保護の認識向上や最新知識を身につけるための教育を継続的に実施します（年1回以上）. |
| (c) | 物理的<br>安全管理措置 | ○建物や執務場所の入退出管理を行います.<br>○不正な個人情報の閲覧や盗難を予防するために, 扉やキャビネット等の施錠を行います. |
| (d) | 技術的<br>安全管理措置 | ○PC, サーバー, スマートフォン, 携帯電話, 情報システムを含むICTサービス等を利用する際の情報セキュリティ対策を行います. |

　★安全管理措置を検討する際には，組織の内的・外的状況の把握が非常に重要になります．比較的漏れやすい外的状況（例：自社の情報セキュリティリスク・対策に影響を及ぼす外的環境等）の把握を入念に実施しておくことが，網羅的で有効なリスク対策につながります．

　★(a)組織的安全管理措置，(b)人的安全管理措置については，第3，4，5章を参照ください．

　★以降では，(c)物理的安全管理措置，(d)技術的安全管理措置のうち，企業・組織の実務担当者に特に留意が望まれる事項を記します．

## ■ 四つの安全管理措置イメージ

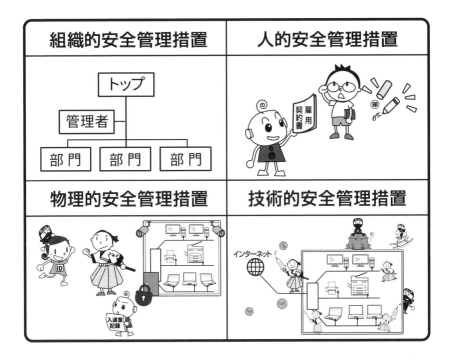

## 6.2　物理的安全管理措置の重要ポイント（事例）

| ①　建物や執務室における情報セキュリティ対策 |
| --- |

　★不審者が建物や執務室に入室するリスク，本来は見てはいけない
　　人が個人情報を見てしまうリスク等に注意をはらいます.

● ■ミニワークブック

建物，執務室，書棚等にかかわるリスク対策状況はいかがですか？

| No. | 質問項目 | Yes | No |
|---|---|---|---|
| 1 | 建物や執務室の入退出時の施錠を，ルールに基づき実施していますか？ | □ | □ |
| 2 | 建物や執務室の鍵の管理（鍵の保有者の限定，台帳と実物の整合性チェック，不正な鍵の複製物の管理）を，適切に実施していますか？ | □ | □ |
| 3 | 機密性の高い個人情報は，書棚や金庫を用いて施錠保管していますか？ | □ | □ |
| 4 | 監視カメラや防犯装置，そのデータを記憶する装置は，個人情報リスクに応じた適切な配置，性能ですか？ | □ | □ |
| 5 | IC カードや生体認証情報を用いて施錠する際のデータや，防犯機器のデータは，リスクに応じて保護されていますか？ | □ | □ |

✍ミニワークブック記入のしかた ✍

　○この章の最後(6.4)に，ミニワークブックの"集計表"があります.

　○質問項目が自分の活動に"該当しない"場合は，回答欄に ☑ をせず，空欄のままにしてください. 集計表では，"該当せず"として取り扱います.

---

② **クリアデスク**

★個人情報の紛失・盗難予防や，必要な個人情報をすぐに探せる準備として，勤務を終え執務室を退出する際は，自分の机上（および机の周り）に機密性の高い個人情報がないように情報の共有保管を含む整理整頓を行います.

③　クリアスクリーン

★離席時に自分が使用していた PC を他者が利用できないようにするため，PC の画面にロック付きのスクリーンセーバーを自動または手動で起動させます（特に社外，公共の場所での PC 利用時）．

帰宅時 あなたのデスクまわりはきれいですか？

● ミニワークブック

クリアデスク，クリアスクリーンによるリスク対策状況はいかがですか？

| No. | 質問項目 | Yes | No |
|---|---|---|---|
| 1 | クリアデスクを日々実践していますか？ | ☐ | ☐ |
| 2 | クリアスクリーンを日々実践していますか？ | ☐ | ☐ |

## 6.3　技術的安全管理措置の重要ポイント（事例）

★以降では，ICT機器等の利用時に個人情報が漏えいするリスクに対する情報セキュリティ対策の事例を確認します．

☞ **参考：第1章　1.2⑧ICT**

★リスクの大きさ（発生した際の影響度×発生可能性）に応じて，組織がどこまで対策するかを決めます．

### ■ 個人情報や関連するその他資産

| 分類 | 主な資産（例） |
|---|---|
| 情報 | 個人情報<br>・顧客（個人，法人），取引先，株主，社内の従業者等の個人情報（p.8〜11，p.14参照）<br>・顧客へ納品するコンテンツやデータ（個人情報を含む場合）<br>個人情報にかかわる情報セキュリティ文書・記録類<br>・業務基準（マニュアル，規定，基準，手順書，様式等）<br>・運用記録，データ |
| 下記は個人情報に関連する場合のみ該当します | |
| 物理的資産 | ・ICT機器［サーバー，PC，モバイル端末（スマホ，タブレット，スマートウォッチ，ウェアラブル端末），可搬媒体（USBメモリ，DVD，SSD等），通信装置，セキュリティ装置，ネットワーク装置，非常用電源装置，等］<br>・施設，鍵，金庫，キャビネット，監視カメラ，サーバールーム内空調設備，消火装置<br>・顧客へ納品する製品（納品形式が物理的なモノの場合，その一部の記憶媒体，紙媒体） |

| ソフトウェア<br>ICT サービス | ・OS，アプリケーション，セキュリティソフト（※有償／無償にかかわらず）<br>・ICT サービス（通信，プロバイダ，情報処理サービス，クラウドサービス，アプリケーションサービス，AI サービス）<br>・顧客へ納品する ICT サービス［納品形式が ICT サービス（ソフトウェアを含む）の場合］ |
|---|---|
| その他サービス | ・電力の供給，輸送サービス，警備サービス，清掃サービス<br>・他のサービス（人事，労務，保険，福利厚生，各種審査・監査，コンサルティング，教育） |

### ④ PC（パソコン）の利用時の情報セキュリティ対策（事例）

★PC がコンピュータウイルス等に感染するリスク，他者に直接または遠隔で使用されるリスクに注意をはらいます．

**セキュリティソフトの更新は必須です**

● ミニワークブック

PC のリスク対策状況はいかがですか？

| No. | 質問項目 | Yes | No |
|---|---|---|---|
| 1 | PC のログインに用いるユーザー ID やパスワードを同僚や上司を含む他人に教えていませんか？<br>（教えていない場合，Yes 欄に ☑） | ☐ | ☐ |
| 2 | 他者が推測しやすいパスワードを用いていませんか？<br>（用いていない場合，Yes 欄に ☑） | ☐ | ☐ |
| 3 | 生体認証情報（例：指紋，顔）を用いて PC やスマホにログインできるシステムの場合，その生体認証情報のセキュリティ対策はリスクに応じて適切ですか？ | ☐ | ☐ |
| 4 | コンピュータウイルス対策等のセキュリティソフトを導入し，最新版に常時更新していますか？ | ☐ | ☐ |
| 5 | PC やスマホの OS のバージョンを，常時更新していますか？（または，社内の情報システム部門の指示に基づく更新対応を行っていますか？） | ☐ | ☐ |
| 6 | 情報システム部門がセキュリティの視点で許可するソフトウェアやアプリ（フリーソフトを含む）だけをインストールしていますか？ | ☐ | ☐ |
| 7 | 特に外出先での使用時は，盗難予防（放置しない），落下，衝突による破損予防に留意していますか？ | ☐ | ☐ |
| 8 | PC 内の重要な情報をバックアップしていますか？ | ☐ | ☐ |
| 9 | 使用 PC にウイルス感染等のおそれがある場合は，すぐにネットワークケーブルを外し，無線 LAN をオフにするなど，ネットワークから切り離す作業を自ら実施することを認識していますか？ | ☐ | ☐ |

| ⑤　ウェブサイトの利用時の情報セキュリティ対策（事例） |
|---|

★インターネットを通じて利用するウェブサイト[1] には，開くだけでコンピュータウイルス等に感染するもの，正規画面と瓜二つのデザインで，ID・パスワード等を盗んで悪さをするものなど，さまざまなリスクがあるので注意します．

※1　ウェブサイトの例：検索，動画視聴，物品購入，予約で用いるサイト

● ミニワークブック

ウェブサイトを利用する際のリスク対策状況はいかがですか？

| No. | 質問項目 | Yes | No |
|---|---|---|---|
| 1 | 業務上必要ではないウェブサイトにアクセスしていませんか？（していない場合，Yes 欄に ☑） | ☐ | ☐ |
| 2 | ウェブサイトが偽物ではないか，悪意があるものではないかをセキュリティソフト等によりチェックしていますか？ | ☐ | ☐ |
| 3 | パスワードの使い回しや，簡単な法則に基づくパスワード生成をしていませんか？（していない場合，Yes 欄に ☑） | ☐ | ☐ |
| 4 | 会社のネットワークを通じてウェブサイトを利用すると，サーバーに利用状況の記録（ログ）が残っている場合があり，情報システム管理担当等が調査できる可能性があることを理解していますか？ | ☐ | ☐ |
| 5 | ウェブサイトに入力する自分の個人情報(例：氏名, 連絡先, 生年月日, 諸質問への回答)をどこまで入力するべきか, しないかを慎重に考えて利用していますか？ | ☐ | ☐ |
| 6 | 自分の利用するウェブサイトが，もしかしたらハッキングされ，または ICT 運営会社の手違い等で登録した個人情報が漏えいするリスクを想定した上で，その利用をしていますか？ | ☐ | ☐ |

## ⑥　電子メールの利用時の情報セキュリティ対策（事例）

★電子メールの送信先間違いのリスク，メール本文に個人情報を記
載するリスク，電子メールを介したコンピュータウイルス等の感
染リスクに注意をはらいます．

# 電子メールは脅威がいっぱい

● **ミニワークブック**

電子メールの利用におけるリスク対策状況はいかがですか？

| No. | 質問項目 | Yes | No |
|---|---|---|---|
| 1 | アドレス帳を定期的に整理し，宛先間違いを予防していますか？ | ☐ | ☐ |
| 2 | 急ぎのときほど，送信先（宛先）をていねいに確認していますか？ | ☐ | ☐ |
| 3 | 個人情報を連絡する必要がある場合は，電子メールの本文に書かずに添付ファイルに記載し，パスワード等により暗号化してから送信していますか？ | ☐ | ☐ |
| 4 | 電子メールを通じたなりすまし[1]を見破るための方法を，教育等により理解し，実践していますか？ | ☐ | ☐ |
| 5 | 電子メールを通じた標的型攻撃[2]の手口や対策について，教育等により理解し，実践していますか？ | ☐ | ☐ |

※1　なりすまし

　　例えば，別の人が本人の名を語りウソの電子メールを送ること．本人の特徴をつかんだ，本物と見分けがつきにくい文面もあり得ます．人ではなく，ロボット，AI（人工知能）等がなりすましメールを作成・送信する場合もあります．

※2　標的型攻撃

　　特定の企業，組織，個人を標的としたサイバー攻撃．例えば，標的となる企業・組織の構成員に対してウイルス感染したファイルを添付したメールをひそかに送信したり，不適切なウェブサイトへのリンク（URL）をメールに仕込み，アクセスさせてウイルス感染させるなどがあります．メールは普段のメールの雰囲気と変わりなく怪しまれないように装われています．

## ⑦　スマートフォン・携帯電話の利用時の情報セキュリティ対策（事例）

<u>仕事で用いるスマホ等</u>（例：スマートフォン，携帯電話，タブレット）について

　　★電話中の音声が周りの人に聞こえるリスク，操作中のスマホ等の画面情報を周りの人が見ることができるリスク，放置されたスマホ等を他者が勝手に操作できるリスク等に注意をはらいます．

## スマホは情報の宝庫，ご注意を

● **ミニワークブック**

仕事で用いるスマホ等の利用におけるリスク対策状況はいかがですか？

| No. | 質問項目 | Yes | No |
|---|---|---|---|
| 1 | 社外（場合によっては社内）でスマホ等により通話する際は，周りの人に声が漏れないように，また，マイク等で音声を収集されないように注意していますか？ | ☐ | ☐ |
| 2 | スマホ等を使用する際は，画面情報が周りの人やカメラ等で収集されないことを確実にしていますか？（例：電車，公共施設，エレベーター内） | ☐ | ☐ |
| 3 | スマホ等の OS は，常時更新していますか？または，社内の情報システム部門の指示に基づく更新対応を行っていますか？ | ☐ | ☐ |
| 4 | 情報システム部門がセキュリティの視点で評価し，利用を許可するアプリだけをインストールしていますか？（不適切なアプリをインストールすると，個人情報が漏えいする場合があります）． | ☐ | ☐ |
| 5 | スマホ等にアプリをインストールする際，規約（例：個人情報の利用目的，委託先の監督，第三者提供，共同利用等）をしっかりと読み，適切かどうかを判断してから"同意"の操作をしていますか？（例えば，個人情報がアプリ運営会社や意図しない第三者に提供されるリスクをふまえ判断していますか？） | ☐ | ☐ |
| 6 | スマホ等の管理策（紛失，盗難，損傷，落下，他者によるアクセスの予防等）は，効果を発揮していますか？ | ☐ | ☐ |

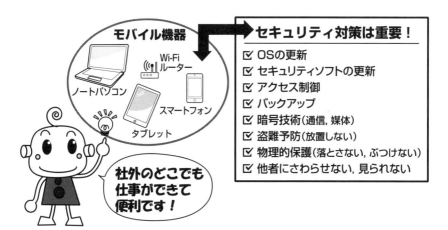

モバイル機器特有のリスクに応じた対策を

## ⑧ SNS の利用時の情報セキュリティ対策（事例）

★ 業務にかかわる個人情報を含む機密情報を，SNS 類で取り扱ってよいか，取扱い不可かどうかは，組織のルールに基づきます.

★ SNS を組織的に使用する場合は，SNS としてのリスク[1] に注意します.

※1 SNS で取り扱った情報が ICT サービス会社（運営会社）の国内または国外のサーバーにあり，その会社での設定ミスや AI 等を用いたデータ解析，ハッキング等で意図しない漏えい，閲覧，利用につながるリスクがあります.

### ● ミニワークブック

業務にかかわる個人情報を SNS で取り扱う場合，リスクへの対策状況はいかがでしょうか？

| No. | 質問項目 | Yes | No |
|---|---|---|---|
| 1 | 業務にかかわる個人情報を SNS で取り扱ってもよい（いけない）という社内ルールをご存じですか？ | ☐ | ☐ |
| | 業務にかかわる個人情報を SNS で取り扱ってもよい組織の場合，次の項目（例）をご検討ください. | | |
| 2 | 利用する ICT サービス会社や SNS について，セキュリティ面で評価済みですか？ | ☐ | ☐ |
| 3 | SNS の初期設定の際は，リスクを考えて設定していますか？ | ☐ | ☐ |
| 4 | SNS で取り扱ってもよい個人情報，取り扱ってはいけない個人情報（例：アップロードしてはいけない画像情報）を理解し，実践していますか？ | ☐ | ☐ |
| 5 | 自分の利用する SNS がハッキングされるリスクや，システム運営会社の手違い等により登録した個人情報が漏えいするリスクを考えて利用していますか？ | ☐ | ☐ |

### ⑨　FAX 利用時の情報セキュリティ対策（事例）

★送信する FAX 番号の入力
　間違いによる個人情報漏え
　いリスク，FAX 受信側組
　織で意図しない人が FAX
　を見てしまうリスクに注意
　をはらいます．

誤送信だケロ

● ミニワークブック

FAX 利用時のリスク対策状況はいかがですか？

| No. | 質問項目 | Yes | No |
|---|---|---|---|
| 1 | 急ぎのときほど，送信先の FAX 番号をていねいにチェックしていますか？（例：指さし確認） | □ | □ |
| 2 | 機密性の高い個人情報を FAX することを極力避けていますか？（誤送信等のリスクがあるため） | □ | □ |
| 3 | 機密性の高い個人情報を FAX する場合には，送信先に事前に電話連絡の上，受信する複合機，FAX 機で相手に待ち受けてもらう等の配慮をしていますか？ | □ | □ |
| 4 | FAX を送受信する複合機等のファームウェアは，タイムリーに更新できていますか？（複合機が情報セキュリティ的にぜい弱な状態にならないように） | □ | □ |

## ⑩ 可搬媒体の利用時の情報セキュリティ対策（事例）

＊持ち運びできる記憶媒体（可搬媒体）（例：USB メモリ，DVD，SSD，HDD）の紛失，盗難等のリスクに注意をはらいます．

# 可搬媒体のリスク対策は万全ですか？

## ● ミニワークブック

可搬媒体のリスク対策状況はいかがですか？

| No. | 質問項目 | Yes | No |
|---|---|---|---|
| 1 | 繰り返し使用する可搬媒体の所在管理や貸出管理について，台帳等を用いて実施していますか？ | ☐ | ☐ |
| 2 | 可搬媒体の"たなおろし"（台帳と実物の整合性確認）を定期的に実施していますか？ | ☐ | ☐ |
| 3 | 可搬媒体の紛失や盗難等の予防策について，教育等により理解し，実践していますか？ | ☐ | ☐ |
| 4 | 外部から受領した可搬媒体にコンピュータウイルス等が入っている場合は，パソコン等で検知できますか？ | ☐ | ☐ |

| ⑪　媒体の廃棄時の情報セキュリティ対策（事例） |
|---|

★紙媒体，可搬媒体（例：USBメモリ，DVD，SSD，HDD）を廃棄する際は，個人情報が漏えいするリスクに注意をはらいます．

文書・記録
（電子／紙媒体）

廃棄媒体は
宝の山 ♫

個人情報
入っていませんか？

☑粉砕・溶解
☑焼却
☑専用ソフトを使った
　確実なデータ消去

# 媒体を廃棄する際は
# セキュリティを考慮しましょう

● ミニワークブック

媒体の廃棄におけるリスク対策状況はいかがですか？

| No. | 質問項目 | Yes | No |
|---|---|---|---|
| 1 | 紙媒体を廃棄する際は，個人情報が漏えいしないように，セキュリティを考慮した対策を実施していますか？<br>（例：シュレッダー等による細断，溶解，焼却等） | ☐ | ☐ |
| 2 | 電子媒体を廃棄する際は，個人情報が漏えいしないように，セキュリティを考慮した対策を実施していますか？<br>（例：粉砕，溶解，焼却，専用ソフトによる確実なデータ消去等） | ☐ | ☐ |

⑫　委託先の監督に関する情報セキュリティ対策（事例）

★個人情報を委託先とやりとり（情報交換）する場合には，委託先やその先の再委託先，再々委託先から個人情報が漏えいするリスクに注意をはらいます.

☞ 参考：第4章　A.12 委託先の監督

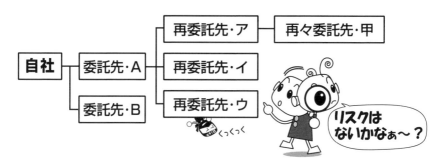

# 委託先の監督も大切です

● ミニワークブック

委託先の管理に関するリスク対策状況はいかがですか？

| No. | 質問項目 | Yes | No |
|---|---|---|---|
| 1 | 自社から個人情報を渡す委託先等（組織，個人）が，意図しないで（または意図的に）個人情報を漏えいや個人情報保護法違反をした場合，自社には委託先の監督責任があることを自分は認識していますか？ | □ | □ |
| 2 | 個人情報を渡す委託先等と自社の間で，個人情報を含む機密保持契約書を締結していますか？　もしくは，機密保持の誓約書を委託先等から受領していますか？ | □ | □ |

（次ページに続く）

| No. | 質問項目 | Yes | No |
|---|---|---|---|
| 3 | 委託先等との機密保持契約書や誓約書の文面には，委託先が再委託を行う場合には事前に自社に書面で連絡し，自社の事前了承が必要なことや，委託先が再委託先の情報セキュリティ面の監督を行う責任があるという記載がありますか？ | ☐ | ☐ |
| 4 | 委託先等に対して，自社の個人情報セキュリティに関する依頼事項（例：行ってはいけない事項）を書面で明確に伝達していますか？（AIの利用範囲を含む） | ☐ | ☐ |
| 5 | 委託先等の個人情報セキュリティへの取組みを定期的に評価していますか？ | ☐ | ☐ |

⑬　**クラウドサービス利用時の情報セキュリティ対策（事例）**

★クラウドサービス※1 特有のリスクに注意をはらいます．

★例えば，次のようなリスクが考えられます．

- クラウドサービス会社のセキュリティポリシーや財務基盤のリスク

- セキュリティ対策やシステム運用対策，システム障害対応対策が不十分なことにより，情報漏えいやハッキングが行われるリスク

- 別のクラウドサービスに変更したい場合，それまでのクラウドサービスで利用していたデータやソフトウェアを円滑に移管できないリスク

  ※1 クラウドサービスとは

  　　インターネットを介して，データを共有・交換する機能，ソフトウェア(例：電子メール，グループウェア，アプリケーションソフト)を利用できる機能，ソフトを使用するためのプラットフォームを利用できる機能等を提供するサービス

● **ミニワークブック**

クラウドサービスの利用におけるリスク対策状況はいかがですか？

| No. | 質問項目 | Yes | No |
|---|---|---|---|
| 1 | 利用の事前に，クラウドサービス会社やそのサービスを財務的，セキュリティ的な視点から評価していますか？ | ☐ | ☐ |
| 2 | クラウド上のデータ（運用分，バックアップ分等）は，どの国にあるか，その国のどのような法令等に基づき管理されているかを評価していますか？ | ☐ | ☐ |
| 3 | クラウドサービスの契約約款，規約を十分に確認していますか？<br>[例：クラウドサービス会社が通常稼働時（またはシステム障害時等の場合）に利用者のデータにアクセスするかどうか．データが損壊した場合，復旧できない場合の損害賠償額等] | ☐ | ☐ |
| 4 | クラウドサービスを利用するための通信の暗号化や，認証のしくみ，データの暗号化等を調査し，評価，実装していますか？ | ☐ | ☐ |
| 5 | クラウド上のデータやソフトが使えなくなった際に，個人情報セキュリティの視点でどのようなことが起き，どう対応するべきかについて，事前検討し，準備していますか？ | ☐ | ☐ |
| 6 | クラウドサービス会社でシステム障害やハッキング等が発生してサービスを短・長期的に利用できなくなった場合を想定して，バックアップ，リストア，冗長化の準備等を行っていますか？<br>☞ 参考：第5章　D.17.2冗長性 | ☐ | ☐ |

## ⑭　AI（人工知能）の利用時の情報セキュリティ対策（事例）

★人間が行う機能，活動等の一部をAI（人工知能），AIサービスにさせようとする動きが活発です．

★AI（人工知能）は，断片的な個人情報（例：ネット上の氏名，顔写真の一部）があれば，それが誰か，どのような特性を保有しているか，誰とつながっているかなどを自動的に分析することも可能でしょう．

　☞ 参考：第1章　1.2 ⑩個人情報のプロファイリング

★自社としては，個人情報を"匿名加工情報"として加工したつもりでも，分析して個人を特定できてしまうというリスクがあります．

　☞ 参考：第1章　1.1 ⑧匿名加工情報とは

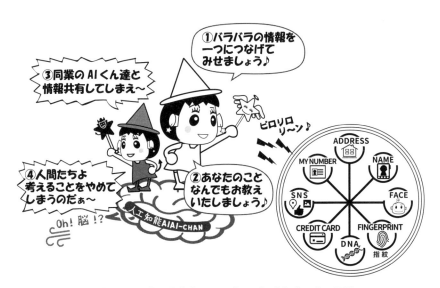

# AI（人工知能）は 個人情報保護の
# 天使にも悪魔にもなります！

● **ミニワークブック**

AI（人工知能）利用のリスク対策状況はいかがでしょうか？

⑬（クラウドサービス利用時）のワークブックに加えて，次を確認しましょう．

| No. | 質問項目 | Yes | No |
|---|---|---|---|
| 1 | 利用する AI サービスの契約約款，規約，仕様について，十分に確認していますか？ | ☐ | ☐ |
| 2 | 自社が利用することにより向上した AI のスキルは，他のユーザー向けサービスで利用されますか？ | ☐ | ☐ |
| 3 | （2 について "Yes" の場合にのみ回答）<br>AI に保存された自社業務に関連する個人情報やそこから得られる知見（プロファイリング情報を含む）は，他社のユーザー向けサービス等に利用されませんか？<br>（利用されない場合，Yes 欄に ☑） | ☐ | ☐ |
| 4 | 自社の利用する AI が，他社の AI サービスとデータやスキルの共有・交換をする可能性はありませんか？<br>（ない場合，Yes 欄に ☑） | ☐ | ☐ |
| 5 | AI が本来の意図どおり機能せず，それにより個人情報の本人や，関連する他者に迷惑をかけた場合の対応策や損害賠償を事前検討していますか？ | ☐ | ☐ |
| 6 | AI が突然停止したり，暴走や消滅してしまった場合の対応策を事前検討していますか？ | ☐ | ☐ |

## 6.4　担当者の安全管理措置（事例）　ミニワークブック　集計表

ミニワークブックを振り返り，☑Yes，☑No の数を書き込んでください.

| | | 質問数 | Yes | No | 該当せず |
|---|---|---|---|---|---|
| **6.2　物理的安全管理措置の重要ポイント**(事例) | | | | | |
| ① | 建物や執務室 | 5 | | | |
| ② | クリアデスク | 1 | | | |
| ③ | クリアスクリーン | 1 | | | |
| | **小計**（物理的安全管理措置関連） | 7 | | | |
| **6.3　技術的安全管理措置の重要ポイント**(事例) | | | | | |
| ④ | PC（パソコン）の利用時 | 9 | | | |
| ⑤ | ウェブサイトの利用時 | 6 | | | |
| ⑥ | 電子メールの利用時 | 5 | | | |
| ⑦ | スマートフォン・携帯電話の利用時 | 6 | | | |
| ⑧ | SNS の利用時 | 5 | | | |
| ⑨ | FAX の利用時 | 4 | | | |
| ⑩ | 可搬媒体の利用時 | 4 | | | |
| ⑪ | 媒体の廃棄時 | 2 | | | |
| ⑫ | 委託先の監督 | 5 | | | |
| ⑬ | クラウドサービスの利用時 | 6 | | | |
| ⑭ | AI（人工知能）の利用時 | 6 | | | |
| | **小計**（技術的安全管理措置関連） | 58 | | | |
| | **合　計** | 65 | | | |
| | **割合**（%） | 100 | | | |

# あ と が き

　JIS Q 15001:2023 は，本体（箇条 4〜10），附属書 A, B, C, D がミルフィーユのような積層構造になっています．本書では，例えば安全管理措置について，本体，各附属書の相互関係や，PDCA サイクルとの関連付けを俯瞰的に表す "見るみる P モデル" を作り，次に要点解説，イラスト，ワークブックをチームで制作しました．専門的な内容は削ぎ落とし，現場の実務担当者に考慮いただきたい事項をぎゅっと凝縮しました．

　ICT 面のセキュリティをどれだけ強化しても担当者が "リスク" に応じた "対策（'自分は'具体的に何をすべきか）" を日々認識していないと，個人情報を漏えいしてしまう可能性はなかなか下がらないのが現実と考えます．

　本書により，現場の一人ひとりに，個人情報を漏えいしないための，また個人情報保護法に準拠して情報を活用するための全体像と重要ポイントをご理解いただき，さらに JIS Q 15001 の "リスクマネジメント思考" を身に付け，日々触れる膨大な情報や考えを鵜呑みにせず，自分の感覚やものさし（基準）に基づき，自分で情報の根拠や価値を判断し，自分のポリシーや考えに基づき自分で行動するという "自己のマネジメント力" の強化に本書が少しでも役立つことができれば幸いです．

　最後になりますが『見るみる ISO・JIS シリーズ』制作にあたり，日本規格協会グループの室谷誠さん（統括），本田亮子さん，福田優紀さん（編集）には，読者にとってわかりやすい表現を目指した編集活動を丁寧に進めていただき，厚く御礼申し上げます．おかげさまで，楽しく制作できました．

　表紙のイラストに表したのですが，本書が個人情報の活用や保護において，読者のみなさまが思い描く "望ましい姿" に近づくための楽しいヒントになれば幸いです．

著者代表

株式会社エフ・マネジメント　深田　博史

# 参 考 文 献

&lt;規　格&gt;
1) JIS Q 15001:2023　個人情報保護マネジメントシステム—要求事項
2) JIS Q 27001:2023　情報セキュリティ，サイバーセキュリティ及びプライバシー保護—情報セキュリティマネジメントシステム—要求事項
3) ISO/IEC 27002:2022　情報セキュリティ，サイバーセキュリティ及びプライバシー保護—情報セキュリティ管理策
4) ISO/IEC 27018:2019　情報技術—セキュリティ技術—PII プロセッサとして作動するパブリッククラウドにおける個人識別情報（PII）の保護のための実施基準
5) ISO/IEC 27701:2019　セキュリティ技術—プライバシー情報マネジメントのための ISO/IEC 27001 及び ISO/IEC 27002 への拡張—要求事項及び指針
6) JIS Q 9001:2015　品質マネジメントシステム—要求事項
7) JIS Q 31000:2019　リスクマネジメント—指針
8) JIS Q 19011:2019　マネジメントシステム監査のための指針

&lt;書　籍&gt;
1) 深田博史，寺田和正，寺田　博著（2016）：見るみる ISO 9001—イラストとワークブックで要点を理解，日本規格協会
2) 深田博史，寺田和正著（2021）：見るみる BCP・事業継続マネジメント・ISO 22301—イラストとワークブックで事業継続計画の策定，運用，復旧，改善の要点を理解，日本規格協会
3) 株式会社エーペックス・インターナショナル著（2002）：国際セキュリティマネジメント標準　ISO 17799 がみるみるわかる本　情報システムのセキュリティ対策規格をやさしく解説！，PHP 研究所
4) 手塚治虫著（1986）：火の鳥 2　未来編，角川書店
5) エリッヒ・ヤンツ著，芹沢高志・内田美恵翻訳（1986）：自己組織化する宇宙，工作舎

&lt;ウェブサイト&gt;
1) 一般財団法人日本情報経済社会推進協会（JIPDEC）のウェブサイト
2) 公益財団法人日本適合性認定協会（JAB）のウェブサイト
3) 独立行政法人情報処理推進機構（IPA）のウェブサイト
4) 個人情報保護委員会のウェブサイト
5) ISO のウェブサイト
6) 日本規格協会（JSA）グループのウェブサイト

# 著 者 紹 介

深田　博史（ふかだ　ひろし）　執筆担当：第1, 2, 5, 6章

- マネジメントコンサルティング，システムコンサルティングを担う等松トウシュ ロス・コンサルティング（現アビームコンサルティング株式会社，デロイトトーマツ コンサルティング合同会社）に入社．株式会社エーペックス・インターナショナル入社後は，ISO マネジメントシステムに関するコンサルティング・研修業務等に携わる．
- 現在は，株式会社エフ・マネジメント代表取締役．
- 元環境管理規格審議委員会 環境監査小委員会（ISO/TC 207/SC 2）委員 [ISO 19011 規格（品質及び／又は環境マネジメントシステム監査のための指針）初版の審議等]
- 一般財団法人日本規格協会「標準化奨励賞」受賞

[主な業務]
- マネジメントシステム　コンサルティング・研修業務
  ISO 9001, ISO 14001, ISO/IEC 27001（ISMS），JIS Q 15001，　プライバシーマーク，ISO/IEC 20000-1（IT サービスマネジメント），FSSC 22000（食品安全）HACCP，ISO 45001（労働安全衛生），ISO 22301（事業継続マネジメント）等
- 経営コンサルティング・研修業務
  経営品質向上プログラム（経営品質賞関連），事業ドメイン分析，目標管理，バランススコアカード，マーケティング，人事考課，CS/ES 向上，J-SOX 法に基づく内部統制
- ソフトウェア開発，e ラーニング開発，書籍および通信教育の制作

[主な著書]
『見るみる ISO 9001—イラストとワークブックで要点を理解』，『見るみる ISO 14001—イラストとワークブックで要点を理解』，『見るみる食品安全・HACCP・FSSC 22000—イラストとワークブックで要点を理解』，『見るみる BCP・事業継続マネジメント・ISO 22301—イラストとワークブックで事業継続計画の策定，運用，復旧，改善の要点を理解』（以上，日本規格協会，共著）
『国際セキュリティマネジメント標準 ISO17799 がみるみるわかる本』，『ISO 14001 がみるみるわかる本』（以上，PHP 研究所，共著），『ISO の達人シリーズ [イソタツ] ISO 9000:2000』，『ISO の達人シリーズ 2 [イソタツ] ISO 14000』，『ISO の達人シリーズ 1 [イソタツ] ISO 9000（1994 年版）』（以上，株式会社ビー・エヌ・エヌ，共著）等

[株式会社エフ・マネジメント]
〒 460-0008　名古屋市中区栄 3-2-3　名古屋日興證券ビル 4 階
TEL：052-269-8256, FAX：052-269-8257

## 寺田　和正（てらだ　かずまさ）執筆担当：第 3, 4 章

- 情報システム開発・業務コンサルティングを担うアルス株式会社に入社.
  株式会社イーエムエスジャパン入社後は，ISO マネジメントシステムに関するコンサルティング・研修業務等に携わる.
- 現在は，IMS コンサルティング株式会社代表取締役.
- 一般財団法人日本規格協会「標準化奨励賞」受賞

[主な業務]
- マネジメントシステム　コンサルティング・研修業務
  ISO 14001, ISO 9001, ISO/IEC 27001 (ISMS), JIS Q 15001,　プライバシーマーク，ISO/IEC 20000-1 (IT サービスマネジメント ), ISO 50001（エネルギーマネジメント），ISO 55001（アセット），ISO 45001（労働安全衛生），ISO 22301（事業継続）等
- 経営コンサルティング・研修業務
  情報システム化適用業務分析コンサルティング，人事管理（目標管理，人事考課）コンサルティング等
- e ラーニング・研修教材・書籍の制作

[主な著書]
『見るみる ISO 9001―イラストとワークブックで要点を理解』
『見るみる ISO 14001―イラストとワークブックで要点を理解』
『見るみる食品安全・HACCP・FSSC 22000―イラストとワークブックで要点を理解』
『見るみる BCP・事業継続マネジメント・ISO 22301―イラストとワークブックで事業継続計画の策定，運用，復旧，改善の要点を理解』
（以上，日本規格協会，共著）
『情報セキュリティの理解と実践コース』（PHP 研究所，共著）
『Q&A で良くわかる ISO 14001 規格の読み方』（日刊工業新聞社，共著）
『ISO 14001 審査登録 Q&A』( 日刊工業新聞社，共著 )

[IMS コンサルティング株式会社]
〒 107-0061　東京都港区北青山 6-3-7　青山パラシオタワー 11 階
TEL：03-5778-7902, FAX：03-5778-7676

■イラスト制作
株式会社エフ・マネジメント　深田博史（原案）
IMS コンサルティング株式会社　寺田和正（原案）
岩村伊都（制作）

**見るみる JIS Q 15001:2023・プライバシーマーク**
**イラストとワークブックで個人情報保護マネジメントシステムの**
**要点を理解**

2018 年 11 月 15 日　第 1 版第 1 刷発行
2023 年 12 月 15 日　第 2 版第 1 刷発行

著　　者　深田博史，寺田和正

発 行 者　朝日　弘

発 行 所　一般財団法人 日本規格協会
　　　　　〒108-0073　東京都港区三田 3 丁目 13-12 三田 MT ビル
　　　　　　　　　　　https://www.jsa.or.jp/
　　　　　　　　　　　振替　00160-2-195146

製　　作　日本規格協会ソリューションズ株式会社
印 刷 所　日本ハイコム株式会社

● 当会発行図書，海外規格のお求めは，下記をご利用ください．
　JSA Webdesk（オンライン注文）：https://webdesk.jsa.or.jp/
　電話：050-1742-6256　E-mail：csd@jsa.or.jp